「山野草の名前」1000がよくわかる図鑑

監修　久志博信

主婦と生活社

「山野草の名前」1000がよくわかる図鑑

Contents

春の山野草

クマガイソウ

春の山野草

野の花

春の山野草

山地の花

カタクリ

春の山野草
海岸の花

夏の山野草

ワタスゲ

夏の山野草
野の花

夏の山野草

山地の花

ベニバナイチヤクソウ

ハクサンシャジン

夏の山野草

高山の花

夏の山野草

海岸の花

オミナエシ

秋&冬の山野草

秋＆冬の山野草
野の花

秋＆冬の山野草
山地の花

秋＆冬の山野草

海岸の花

●参考文献●

『日本の野生植物　草本』
平凡社
『北海道の花』
（北海道大学図書刊行会）
『園芸植物大辞典』
（小学館）
『野の植物』
（牧野晩成著・小学館）
『山の植物』
（牧野晩成著・小学館）
『高山・海岸の植物』
（牧野晩成著・小学館）
『春の山野草』
（菱山忠三郎・主婦の友社）
『夏の山野草』
（菱山忠三郎・主婦の友社）
『秋の山野草』
（菱山忠三郎・主婦の友社）
『山野草大百科』
（久志博信・内藤登喜夫著
・講談社）
『植物分類表』
（大場秀章編著・アボック社）

本書の使い方

持ち歩けて便利！ 家のまわり、里山で、身近で楽しめるウォーキングのときに。本格的な山歩きや、旅行のおともに。たくさんの山野草をコンパクトにまとめた本書は、携帯しやすく、気になった植物がその場で調べられます。

[取り上げた植物]

日本の山野に自生している植物の中から、花が美しい山野草を中心に取り上げました。多年草、一年草、二年草のほかに、山歩きで出会うことの多い、ツツジ科、バラ科、アジサイ科、ジンチョウゲ科など、花の美しい低木も取り上げています。

そのほか、人里の道ばたや空き地などに生える植物や、古くに渡来した帰化植物の主なものも入れています。

[本書の特徴]

ひきやすいように季節と場所に分類

春(3～5月)、**夏**(6～8月)、**秋･冬**(9～2月)と季節ごとに大きく分けました。さらに、「**野の花**」、「**山地の花**」、「**高山の花**」、「**海岸の花**」と場所別に分けてあります。(礼文島や千島の植物は、低地のものでも高山に分類しています)。各パート内は原則的に新エングラーの分類法で科名別になっていますが、構成の都合上、前後している場合があります。

新しい分類法に対応

最近、遺伝子などによる分子系列を用いた分類体系「APGII」(2003)(『植物分類表』大場秀章編著・アボック社／引用)が注目されています。本書は新エングラーを元にしていますが、この分類法にも対応した記述をしています。→190 ページ参照

[本文の読み方]

ニッコウキスゲ (日光黄菅)

別名：ゼンテイカ
ユリ科→
ワスレグサ科
ワスレグサ属
花期：7～8月
北海道、本州中部以北に分布する多年草。山地から亜高山帯の草原に生える。高さ60～80cm。葉は長さ60～70cmの線形。濃橙色の漏斗状鐘形の花を3～10個つける。花径は約7cm。

植物名
一般的に用いられている、種名、和名などを使用しました。
(『日本の野生植物草本』(平凡社)に準ずる)

別　名
タイトルに使用した植物名以外で、よく使われている名前。

科名・属名
その植物が属する科と属の名称。分子系列学的な分類に基づく属で変更されているものは、「→」のあとに新しい科名、属名を表記しています。

花　期
自然の状態で花が咲く時期。

解　説
見分け方のポイントを解説　その植物が自生している場所、植物の特徴（植物の高さ、茎の長さ、葉と花の大きさと形態、花色など）を紹介しています。
葉と花の形　194～197ページでは、葉や花の構造をイラストでわかりやすく解説しました。

サクラソウとノウルシ

春の山野草

春の山野草

野の花

ウシハコベ（牛繁縷）

ナデシコ科
ウシハコベ属→
ハコベ属
花期：4〜10月

北海道から沖縄に分布する二年草または多年草。人里、田畑、野原、草原などに生える。高さ20〜50㎝。葉は対生《たいせい》。長さ2〜8㎝の卵形で、先がとがる。花弁は白色で、2つに深く裂ける。

ノミノフスマ（蚤の衾）

ナデシコ科
ハコベ属
花期：4〜10月

北海道から沖縄に分布する二年草。畑や田の縁、原野に生える。高さ5〜30㎝。葉は長さ1〜2㎝の長楕円形。花弁は白色で、深く2つに裂ける。ウシハコベと違い、花弁ががくより長い。

ハコベ（繁縷）

ナデシコ科
ハコベ属
花期：3〜9月

北海道から沖縄に分布する一〜二年草。人里に生える。高さ10〜20㎝。全体が白毛で覆われる。葉は対生し、披《ひ》針形《しんけい》。花は径0.6〜0.7㎝の白色。5弁花だが、深く裂けているので10弁に見える。

オランダミミナグサ（和蘭耳菜草）

ナデシコ科
ミミナグサ属
花期：4～5月

ヨーロッパ原産の一年草。帰化植物。明治時代に帰化が見つかり、今では都市や里山の道ばた、草地に生える。高さ10～60㎝。葉は対生し、卵形または卵状披針形。花弁は白色で、先端が浅く切れ込む。

エゾキンポウゲ（蝦夷金鳳花）

キンポウゲ科　キンポウゲ属　花期：5～6月

北海道に分布する多年草。日当たりのよいやや湿った草地などに生える。高さ20～30㎝。葉は掌状《しょうじょう》で切れ込みがあり、長さ2～3㎝。花は黄花で、茎の先に3個ほどつく。

タガラシ（田枯らし）

キンポウゲ科
キンポウゲ属
花期：4～5月

北海道から沖縄に分布する二年草。田や溝の縁などに生える。高さ25～60㎝。株元から出る葉は3～5つに裂ける。茎につく葉は上部ほど裂片が狭くなる。花は径0.8～1㎝で、黄色の5弁花。

ウマノアシガタ（馬の脚形）

キンポウゲ科
キンポウゲ属
花期：4～5月

北海道南西部から沖縄に分布する多年草。日当たりのよい道ばたや草地に生える。高さ30～60㎝。葉は長さ2.5～7㎝の心円形。花径1.5～2㎝の黄色い5弁花をつける。花弁には独特の光沢がある。

キツネノボタン（狐の牡丹）

キンポウゲ科
キンポウゲ属
花期：4～7月

北海道から沖縄に分布する二年草。日当たりのよい湿った草地などに生える。高さ30～50㎝。葉は3出複葉で、小葉は2～3裂する。径約1㎝の5弁花をつけ、花後にコンペイ糖状の実をつける。

ヒキノカサ（蛙の傘）

キンポウゲ科
キンポウゲ属
花期：4～5月

本州の関東以西から九州に分布する多年草。湿った草地に生える。高さ10～30㎝。株元から出る葉は、掌状で3～5つに浅く裂ける。春に径1.5㎝ほどの黄色い5弁花をつける。

ヒメウズ（姫烏頭）

キンポウゲ科　ヒメウズ属　花期：3〜5月

関東以西から九州に分布する多年草。道ばたや人里に近い里山などに生える。高さ10〜30㎝。葉は1回3出複葉で、小葉は2〜3つに裂ける。葉の裏は紫色。春に白色にやや紅色を帯びた小花を開く。

エゾエンゴサク（蝦夷延胡索）

ケシ科
キケマン属
花期：4〜6月

北海道、本州の中部以北に分布する多年草。高さ10〜30㎝。茎には長卵形の鱗片がある。葉は1〜2回3出複葉で、小葉は楕円形。花は長さ1.7〜2.5㎝の筒状唇《しん》形《けい》花《か》で総状につく。花色は濃い青紫色。

ムラサキケマン（紫華鬘）

ケシ科
キケマン属
花期：4〜6月

北海道から沖縄に分布する二年草。人里や田畑、山地などに生える。高さ20〜50㎝。葉は2〜3回羽状に細かく切れ込む。花は茎の上部に総状につく。長さ1.2〜1.8㎝の筒状唇形花で、花色は紅紫色。

イシモチソウ（石持草）

モウセンゴケ科
モウセンゴケ属
花期：5〜6月

本州の関東以西から沖縄に分布する多年生の食虫植物。原野の湿地に生える。高さ10〜30㎝。長い葉柄の先につく葉は半円形で、粘液を分泌して虫を捕らえる。花は径1㎝ほどの白色5弁花。

ジロボウエンゴサク（次郎坊延胡索）

ケシ科
キケマン属
花期：4〜5月

本州の関東以西から九州に分布する多年草。人里、田畑、山地などに生える。高さ10〜20㎝。葉は2〜3回3出複葉で、小葉は不規則に細かく裂ける。花は長さ1.2〜2㎝の筒状唇形で、花色は紅紫色。

クサノオウ（草の王）

ケシ科
クサノオウ属
花期：5〜7月

北海道から九州に分布する二年草。日当たりのよい道ばたや草地、荒れ地に生える。高さ30〜80㎝。葉は互生で、羽状に深く裂ける。春から初夏に径4㎝ほどの黄色い4弁花をつける。

スカシタゴボウ（透田牛蒡）

アブラナ科
イヌガラシ属
花期：4～6月

北海道から沖縄に分布する多年草。道ばたや原野、湿地などに生える。高さ30～100㎝。株元から出る葉は長さ5～17㎝で、羽状に深く裂ける。茎につく葉は披針形。黄色い小花を総状につける。

グンバイナズナ（軍配薺）

アブラナ科
グンバイナズナ属
花期：4～6月

ヨーロッパ原産の多年草。帰化植物。北海道から九州の人里や田畑、原野に帰化している。高さ10～60㎝。茎につく葉は倒披針《とうひしん》状《じょう》楕円形で鋸歯《きょし》がある。花は径0.4～0.5㎝で白色。

ミズタガラシ（水田芥子）

アブラナ科
タネツケバナ属
花期：4～6月

本州の関東以西から九州に分布する多年草。人里や田畑、湿地などに生える。高さ20～60㎝。葉は羽状複葉で小葉は小さい。花は径0.8～1㎝の白色で、茎の先にややまばらにつく。

ハナダイコン（花大根）

別名：ショカツサイ、オオアラセイトウ　アブラナ科
エゾスズシロ属
花期：3～5月

中国原産の二年草。帰化植物。江戸時代に渡来し、各地で野生化している。高さ30～50㎝。葉は心形で、上部のものは基部が茎を巻く。花は径2～3㎝で、淡紫色から紅紫色。

ナズナ（薺）

別名：ペンペングサ
アブラナ科
ナズナ属
花期：3～6月

日本全土に分布する二年草。高さ10～30㎝。株元にある葉は長さ10㎝で、羽状に深く裂ける。茎につく葉は基部が茎を抱く。白い4弁花が咲き、花後、三味線のバチに似た実を結ぶ。

タネツケバナ（種漬花）

アブラナ科
タネツケバナ属
花期：3～6月

日本全土に分布する二年草。水田や水辺に生える。高さ10～30㎝。葉は羽状複葉で、頂きにある小葉は大きく、下部の小葉は小さい。花は白色の小さな十字形で、総状につぎつぎと咲く。

キジムシロ（雉蓆）

パラ科
キジムシロ属
花期：4～5月

北海道から九州に分布する多年草。平地から山地などでよく見られる。高さ約15cm。全体に粗い毛がある。奇数羽状複葉で小葉は5～9枚。花は黄色の5弁花で、径は1～1.5cm。

ヘビイチゴ（蛇苺）

パラ科
ヘビイチゴ属→
キジムシロ属
花期：4～5月

北海道から沖縄に分布する多年草。水田の畦や草地に生える。葉は3小葉。小葉は倒卵形から円形で鋸《きょ》歯《し》がある。春に径0.8～1cmの黄色い5弁花をつける。花後に実を赤熟する。

ウマゴヤシ（馬肥）

マメ科
ウマゴヤシ属
花期：3～5月

ヨーロッパ原産の二年草。帰化植物。江戸時代に渡来し、全土の平地や海岸に生える。高さ10～60cm。葉は3小葉で、小葉は長さ1～2cmの倒卵形か倒心形。黄色の蝶形花が4～8個集まって咲く。

レンゲソウ（蓮華草）

別名：ゲンゲ
マメ科
ゲンゲ属
花期：4～6月

中国原産の二年草。帰化植物。水田地帯を中心に、野生化して日本全土に広がる。高さ10～30cm。葉は羽状複葉で、4～5対の小葉からなる。花は紅紫色の蝶形。

アカツメクサ（赤詰草）

別名：ムラサキツメクサ
マメ科
シャジクソウ属
花期：5～10月

シロツメクサ同様、ヨーロッパからの帰化植物。多年草。平地の道ばたや荒れ地などに生える。高さ30～60cm。小葉はふつう3枚で、表面に淡緑色の斑があるものが多い。

シロツメクサ（白詰草）

別名：クローバー
マメ科
シャジクソウ属
花期：5～10月

ヨーロッパ原産の多年草。帰化植物。江戸時代に輸入品を梱包したときの詰め物として渡来した。葉はふつう3小葉、まれに4枚のこともある。花は白色。

ベニバナツメクサ（紅花詰草）

別名：クリムソン・クローバー
マメ科
シャジクソウ属
花期：5～10月

ヨーロッパ原産の多年草。帰化植物。シロツメクサ同様に、水田を中心に繁殖したが、今ではクリムソン・クローバーとして園芸店で市販されている。花色は濃赤色。

ミヤコグサ（都草）

マメ科　ミヤコグサ属　花期：4～10月

北海道から沖縄に分布する多年草。平地の道ばたや海岸に生える。茎の長さ5～40㎝。葉は互生で、3出複葉。小葉は長さ1㎝ほどの倒卵形。花は長さ1～1.6㎝の蝶形花。花色は鮮黄色。

カラスノエンドウ（烏野豌豆）

別名：ヤハズエンドウ
マメ科
ソラマメ属
花期：3～6月

本州から沖縄に分布する二年草。人里にふつうに生える。茎の長さ約150㎝。葉は羽状複葉で、小葉は3～7対。春から初夏に、長さ1.2～1.8㎝の蝶形花をつける。

スズメノエンドウ（雀野豌豆）

マメ科
ソラマメ属
花期：4～6月

本州から沖縄に分布する二年草。人里、田畑などに生える。長さ30～60㎝。葉は6～7対の羽状複葉で、小葉は長さ1～1.7㎝。花は淡紫色で蝶形。長い柄の先に数個つける。

レンリソウ（連理草）

マメ科
レンリソウ属
花期：5～7月

本州、九州に分布する多年草。湿った草地に生える。高さ約80㎝。茎は稜《りょう》のある三角形で、幅0.1～0.2㎝の2枚の翼がある。花は長さ1.5～2㎝の蝶形で、花色は紫色。

カタバミ（酢漿草）

カタバミ科
カタバミ属
花期：5～9月

日本全土に分布する多年草。道ばたや畑地などに生える。高さ3～10㎝。葉は互《ご》生《せい》で、3小葉からなる。小葉はハート形。春から秋にかけて、径約0.8㎝の黄花を開く。

アメリカフウロ（アメリカ風露）

フウロソウ科
フウロソウ属
花期：4～11月

北アメリカ原産の一年草。帰化植物。本州から沖縄の人里、田畑、市街地などに帰化している。高さ10～40㎝。葉は5～7つに深く裂ける。花は径1㎝ほどで、花色は淡紅紫色から白色。

ノウルシ（野漆）

トウダイグサ科
トウダイグサ属
花期：4～5月

北海道から九州に分布する多年草。人里や田畑、原野、湿地に生えて群落をつくる。高さ約30㎝。葉は互生で、長さ5～6㎝の長楕円形。茎の先に葉を輪生し、そこから出る枝に黄緑色の花をつける。

サクラソウ（桜草）

サクラソウ科
サクラソウ属
花期：4～5月

北海道南部、本州、九州に分布する多年草。川岸や山麓の湿地などに生える。高さ15～40㎝。葉は粗い鋸《きょ》歯《し》のある楕円形。春に茎の先に、5つに深く裂けた紅紫色の花を数個つける。花径は2～3㎝。

トウダイグサ（燈台草）

トウダイグサ科
トウダイグサ属
花期：3～5月

本州から九州に分布する二年草。人里、道ばた、丘陵地などに生える。高さ約30㎝。葉は互生し、へら形。茎の先に大きめの葉を５枚輪生し、そこから茎を出して、黄緑色の花を複数つける。

コナスビ（小茄子）

サクラソウ科
オカトラノオ属
花期：5～6月

北海道から沖縄に分布する多年草。低地から山地の道ばたや草地に生える。茎に軟毛があり、地面を這って広がる。葉は対生で、長さ1～1.5㎝の広卵形。花は径0.6～0.7㎝の黄花で、花《か》冠《かん》は5つに裂ける。

ミツガシワ（三槲）

ミツガシワ科
ミツガシワ属
花期：4～8月

北海道から九州に分布する多年草。主に北海道から東北地方の水湿地などに生える。高さ20～40㎝。葉は3小葉からなる。花径1～1.5㎝の白花で、総状に多数つける。花の内側には白い毛が生える。

スミレの仲間

スミレ科
スミレ属

春の季節に、道ばたや人里から低山などで咲く。葉は株元から出て、少し長めの葉柄があり、ヘラ形、長三角形、円心形、長《ちょう》披《ひ》針《しん》形《けい》などの葉をつける。花は紫または白色。→春の山地に咲くスミレ44〜46ページ

1 アリアケスミレ

（有明菫）

花期：4〜5月

高さ9〜12㎝。葉はヘラ形。花色は白地に紫の条《すじ》が入る。本州から九州の人里、田畑などに分布。

2 スミレ

（菫）

花期：4〜5月

高さ5〜20㎝。葉はへら形。花色は濃紫色。北海道から九州の人里から山地の草原などに生える。

3 アカネスミレ

（茜菫）

花期：4〜6月

高さ5〜10㎝。葉は長三角形から楕円形。花は径1.5㎝ほどの赤紫から青紫色。北海道から九州の人里、山地に分布。

4 ノジスミレ

（野地菫）

花期：3〜4月

高さ5〜10㎝。葉は長披針形からへら形。花は紫色で、花弁の幅が広い。本州から九州に分布し、人里や田畑、草原に生える。

5 オオバタチツボスミレ

（大葉立坪菫）

花期：4〜6月

高さ20〜40㎝。葉は心形から円心形で、葉脈がへこむ。花は淡紫色で、タチツボスミレ(45ページ)より赤みが強い。北海道から九州に分布し、人里、山地、草原などに生える。

1

2

3

5

4

オドリコソウ（踊子草）

シソ科
オドリコソウ属
花期：4～6月

北海道から九州に分布する多年草。人里、田畑、草原に生える。高さ30～50㎝。葉は対《たい》生《せい》。長さ5～10㎝の広卵形で粗い鋸《きょ》歯《し》がある。花は長さ3～3.5㎝の唇《しん》形《けい》で、葉のわきに輪生状に咲く。花色は淡紫色または白色。

ヒメオドリコソウ（姫踊子草）

シソ科
オドリコソウ属
花期：4～5月

ヨーロッパ原産の二年草。帰化植物。各地の道ばた、草原などに生える。高さ10～25㎝。卵円形の葉が対生し、上部にある葉は暗紅色を帯びる。花は唇形で、輪生状に咲く。花色は淡紫色まれに白色。

チョウジソウ（丁字草）

キョウチクトウ科
チョウジソウ属
花期：5～6月

北海道から九州に分布する多年草。河原などやや湿ったところに生える。高さ40～80㎝。葉は互生で、長《ちょう》披《ひ》針《しん》形《けい》。花は淡青色。数輪集まって円錐形の花穂になる。花の中央には毛が生える。

ホトケノザ（仏の座）

シソ科
オドリコソウ属
花期：4～6月

本州から沖縄に分布する二年草。畑や道ばたに生える。高さ10～30㎝。葉は対生で、長さ1～2㎝の扇状円形。花は紅紫色の唇形で、長さ1.7～2㎝。上部にある葉のわきにつく。

オオイヌノフグリ（大犬の陰嚢）

ゴマノハグサ科→
オオバコ科
クワガタソウ属
花期：3～4月

ユーラシア、アフリカ原産の二年草。帰化植物。明治年間に渡来して、全国の人里近くに生える。茎の長さ10～40㎝。葉は卵円形で、茎の下部で対生し、上部で互《ご》生《ぜ》する。花は径0.7～1㎝、瑠璃色。

タチイヌノフグリ（立犬の陰嚢）

ゴマノハグサ科→
オオバコ科
クワガタソウ属
花期：4～6月

ヨーロッパ原産の二年草。帰化植物。明治中期に渡来し、道ばたや荒れ地などに生える。高さ10～25㎝。葉は卵円形。花はオオイヌノフグリに似るが、径約0.4㎝と小さい。

カキドオシ（垣通し）

シソ科
カキドオシ属
花期：4〜5月

北海道から九州に分布するつる性多年草。茎の長さ5〜25cm。地上を這い、節から根を出して繁殖する。葉は対生で、腎形。花は長さ1.5〜2.5cmの唇形で、葉のわきにつく。花色は淡紫色。

キランソウ（金瘡小草）

別名：ジゴクノカマノフタ　シソ科
キランソウ属
花期：3〜5月

本州から九州に分布する多年草。道ばたや山麓などの草地に生える。茎は長さ5〜15cmで倒伏する。葉は長さ4〜6cmの倒披針《とうひしん》形《けい》。葉のわきに、長さ1cmほどの濃紫色の唇形花をつける。

ムラサキサギゴケ（紫鷺苔）

ゴマノハグサ科→ハエドクソウ科
サギゴケ属
花期：4〜5月

本州から九州に分布する多年草。湿りけのある田の畦などに群生する。高さ10〜15cm。葉は倒卵形で不ぞろいの鋸歯がある。根ぎわの葉の間から花茎を出して、紅紫色の唇形花をつける。

トキワハゼ（常盤はぜ）

ゴマノハグサ科→ハエドクソウ科
サギゴケ属
花期：4〜10月

北海道から九州に分布する一年草。道ばたや畑、草原などに生える。高さ5〜25cm。株元に卵形の葉をつけ、唇形《しんけい》の花をつける。花の長さ約1cm。筒状の部分は淡紫色で、唇弁部分は白い。

オオバコ（車前草）

オオバコ科
オオバコ属
花期：4〜9月

日本全土に分布する多年草。人が踏みつけるような道ばたに生える。高さ10〜20cm。株元から出る葉は卵形で、やや平行な脈がある。花茎の先端に白い小花を穂状につける。

ヘラオオバコ（箆車前草）

オオバコ科
オオバコ属
花期：4〜8月

ヨーロッパ原産の一年草。幕末に渡来し、全国各地で野生化している。高さ20〜70cm。株元から出る葉は、長さ10〜30cmの細いへら形。花茎の先に長さ2〜8cmの花穂をつける。花は下から順に咲き上がる。

ヤセウツボ（痩靫）

ハマウツボ科
ハマウツボ属
花期：4～6月

ヨーロッパ原産の葉緑素をもたない寄生植物。帰化植物。本州に帰化し、特にマメ科の植物に寄生する。高さ10～40㎝。葉は鱗《りん》片《へん》状に退化して目立たない。花は淡黄褐色で、紫色の条《すじ》がある。

ブタナ（豚菜）

キク科
エゾコウゾリナ属
花期：5～9月

ヨーロッパ原産の多年草。帰化植物。北海道、本州に帰化している。高さ30～60㎝。タンポポに似るが、花茎が途中で数本に枝分かれし、それぞれの先に径3㎝ほどの黄色い花をつける。

オニタビラコ（鬼田平子）

キク科
オニタビラコ属
花期：5～10月

北海道から沖縄に分布する一～二年草。日当たりのよい道ばたや空き地、草原に生える。高さ20～100㎝。株元から出る葉は倒披針形で羽状に裂ける。花は径0.6～0.8㎝の黄花。

ノボロギク（野襤褸菊）

キク科
キオン属
花期：周年

ヨーロッパ原産の一年草。帰化植物。明治初期に渡来し、各地の人里に帰化している。高さ約30㎝。葉は不規則に羽状に切れ込む。花は舌状《ぜつじょう》花《か》がなく、筒状花だけからなる。花色は黄色。

オオジシバリ（大地縛り）

キク科
ニガナ属
花期：4～6月

北海道南西部から沖縄に分布する多年草。人里などの粘土質のところに生える。ジシバリの大型種。茎は地面を這って伸び、へら状楕円形の葉をつける。高さ10～30㎝の花茎を出して、径3㎝ほどの黄花をつける。

ノゲシ（野芥子）

別名:ハルノノゲシ
キク科
ノゲシ属
花期:4～6月

日本全土に分布する一～二年草。道ばたなどにふつうに生える。高さ50～100㎝。葉は不規則に羽状に切れ込む。縁に不ぞろいの鋸《きょ》歯《し》があり、先がとがる。花は黄色で径は約2㎝。

タンポポの仲間

キク科
タンポポ属

日本各地の野原や道ばたに生える身近な多年草。日本に原産するタンポポには20種ほどがあるが、セイヨウタンポポは、花粉が交配されなくても繁殖するので、各地で急速に広がっている。

▶**見分け方**　花弁の下にある総苞片が反り返るのはセイヨウタンポポ。日本に原産しているタンポポは反り返らない。

日本原産のタンポポ

セイヨウタンポポ

1

2

3

4

1 カントウタンポポ

（関東蒲公英）
花期：４～６月
高さ10～30㎝。
花径約3.5㎝。
関東、中部地方東部に分布。

2 カンサイタンポポ

（関西蒲公英）
花期：４～６月
高さ７～20㎝。
花径約３㎝。
本州の長野県以西から沖縄県に分布。

3 シロバナタンポポ

（白花蒲公英）
花期：４～５月
高さ12～32㎝。
花径約４㎝。
本州の東京以西から九州に分布。

4 エゾタンポポ

（蝦夷蒲公英）
花期：４～６月
高さ　８～22㎝。
花径約4㎝。
北海道、本州の中部に分布。

5 セイヨウタンポポ

（西洋蒲公英）
花期：１～12月
高さ　10～20㎝。
花径３～４㎝。
日本全土に分布。

5

ハルジョオン（春女苑）

キク科
ムカシヨモギ属
花期：4〜8月

北アメリカ原産の多年草。帰化植物。大正時代に渡来し、今では全国各地で野生化している。高さ約60cm。株元にある葉は長楕円形。茎につく葉は基部が茎を抱く。花は径1.5〜2.5cmで、白色または淡紅色。

アマナ（甘菜）

ユリ科
アマナ属
花期：3〜5月

本州から九州に分布する多年草。日当たりのよい土手などに生える。葉は長さ13〜25cmの広線形で、白っぽい緑色。葉の間から花茎を1本出して、鐘形の花をつける。花色は白色で、暗紫色の条《すじ》がある。

ヒロハノアマナ（広葉の甘菜）

ユリ科
アマナ属
花期：3〜4月

本州の関東から近畿地方、四国に分布する多年草。湿りけのある原野に生える。アマナより葉の幅が広く、やや暗緑色で、真ん中に白い条《すじ》があるので区別できる。花はアマナよりやや大きい。

ハハコグサ（母子草）

別名：オギョウ
キク科
ハハコグサ属
花期：4〜6月

北海道から沖縄に分布する二年草。荒れ地や道ばたなどに生える。高さ15〜40cm。全体に白い綿毛がある。葉は互《ご》生《せい》で、倒披針形。春から初夏に、茎の先に黄花を多数つける。

ヒメアマナ（姫甘菜）

ユリ科
キバナノアマナ属
花期：3〜4月

北海道、本州の近畿以東に分布する多年草。人里、田畑、草原などに生える。キバナノアマナが小型化したものだが、葉が粉白色を帯びず、株元から出る葉が1枚だけなので、区別できる。

キバナノアマナ（黄花の甘菜）

ユリ科
キバナノアマナ属
花期：4〜5月

北海道、本州の中部以北に分布する多年草。雑木林の縁などに生える。葉は長さ15〜30cmの線形で、粉白色を帯びる。春に15〜25cmの花茎を立てて、その先端に4〜10個の黄色い花をつける。

カキツバタ（杜若）

アヤメ科
アヤメ属
花期：5〜6月

北海道から九州に分布する多年草。湿地に生える。高さ40〜70㎝。葉は幅2〜3㎝の剣状広線形で、中央部は盛り上がらない。花の中央部は白色で、アヤメのような青紫色の網脈はない。

シャガ（射干）

アヤメ科
アヤメ属
花期：4〜5月

本州から九州に分布する多年草。人里近くの林下に群生する。高さ30〜70㎝。葉は常緑で、長さ30〜60㎝、幅2〜3㎝の剣状。春に径5〜6㎝の花をつける。花色は白色で、紫斑がある。

チチコグサモドキ（父子草擬）

キク科
ハハコグサ属
花期：4〜9月

熱帯アメリカ原産の一年草。帰化植物。人里の道ばたなどで野生化している。高さ10〜30㎝。全体に綿毛があり、灰白色を帯びる。茎の上部から出た枝に、淡褐色の小花を総状につける。

キショウブ（黄菖蒲）

アヤメ科
アヤメ属
花期：5〜6月

西アジアからヨーロッパ原産の多年草。帰化植物。各地の水辺で野生化している。高さ60〜100㎝。葉は長い剣状で、葉の真ん中が隆起している。春に葉の間から花茎を出し、黄色い花をつける。

ニワゼキショウ（庭石菖）

アヤメ科
ニワゼキショウ属
花期：5〜6月

北アメリカ原産の多年草。帰化植物。明治年間に渡来し、各地の日当たりよい道ばたや草地に生える。高さ10〜20㎝。葉は剣状。花は径1.5㎝ほどで、ふつう淡紫色。一日花。

チガヤ（茅）

イネ科
チガヤ属
花期：4〜6月

北海道から沖縄に分布する多年草。日当たりのよい河原や土手などに生える。高さ30〜80㎝。葉は長さ20〜50㎝の線形。春から初夏に茎の先に銀白色の花穂をつける。

スズメノテッポウ（雀の鉄砲）

イネ科
スズメノテッポウ属
花期：4～6月

北海道から九州に分布する二年草。水田や湿った平地などに群生する。茎は中空で、高さ20～40㎝。葉は長さ5～8㎝の線形。花は淡緑色の小花で茎の頂部に、穂状に密につく。

カンスゲ（寒菅）

カヤツリグサ科
スゲ属
花期：3～4月

本州の福島県以西の、主に太平洋側に分布する多年草。高さ20～40㎝。幅1㎝ぐらいの固い葉が密生する。葉の間から花茎を出して、茶色の雄小穂を1つと、黄緑色の雌小穂を5つほどつける。

セキショウ（石菖）

サトイモ科→
ショウブ科
ショウブ属
花期：3～5月

本州から九州に分布する多年草。平地から山地の小川の縁などに生える。花茎は高さ10～30㎝。葉は長さ20～50㎝の線形で暗緑色。春に花茎を立てて、その先に淡黄色の肉穂をつける。

スズメノカタビラ（雀の帷子）

イネ科
ナガハグサ属
花期：3～11月

日本全土に分布する一～二年草。平地の道ばたや田畑に生える。高さ10～30㎝。葉を繁らせたまま越冬し、早春から花をつけるものもある。花は淡緑色で円錐状につく。

ショウブ（菖蒲）

サトイモ科→
ショウブ科
ショウブ属
花期：5～7月

北海道から九州に分布する多年草。水辺に生える。葉は長さ50～100㎝、幅1～2㎝の剣状で、葉の真ん中が隆起している。春から夏に花茎を出し、長さ4～7㎝の肉《にく》穂《すい》をつける。

ネジバナ（捩子花）

別名：モジズリ
ラン科
ネジバナ属
花期：4～10月

北海道から九州に分布する多年草。日当たりのよい野原の芝地や庭の芝生などに生える。高さ10～40㎝。春から秋にかけて、らせん状の花穂に桃紅色の小花を多数つける。

春の山野草

山地の花

ウワバミソウ（蟒蛇草）

イラクサ科
ウワバミソウ属
花期：4～9月

北海道から九州に分布する多年草。山地の湿りけのあるところに生える。高さ30～40㎝。葉は互生《ごせい》し、粗い鋸歯《きょし》状。春から初秋に黄白色の花を多数つける。山菜名「ミズナ」で親しまれている。

ハルトラノオ（春虎の尾）

タデ科
イブキトラノオ属
花期：4～6月

本州から九州に分布する多年草。山地の樹下に生える。株元から出る葉は、長さ2～10㎝の卵形または楕円形。春に3～15㎝の花茎の先に、白花をつける。花穂の長さ1.5～3.5㎝。

ヒゲネワチガイソウ（髭根輪違草）

ナデシコ科
ワチガイソウ属
花期：4～6月

本州の福島県以南から中部地方に分布する多年草。全体に花弁も葉も細い。高さ8～15㎝。葉は長さ3～6㎝で、倒披針形からへら形。花は白色で、花弁は5～7枚。

イチリンソウの仲間

キンポウゲ科
イチリンソウ属

本州から九州に分布する多年草。春に花を咲かせ、初夏になると地上部を枯らして休眠する。花弁に見えるのは、がく片。

▶**見分け方**　葉の切れ込み方、1本の茎から出る花の数がポイントになる。

❶ イチリンソウ（一輪草）

花期：4～5月

葉は3小葉で、小葉は細かく切れ込む。花は径約4㎝。がく片5～6枚。花柄は1本。本州から九州に分布。

❷ ニリンソウ（二輪草）

花期：4～5月

葉は柄がなく深く切れ込む。花は径約2㎝。がく片5～8枚。花柄は1～3本。北海道から九州に分布。

❸ サンリンソウ（三輪草）

花期：6～7月

葉は3小葉で、小葉は大まかに裂ける。花は径約1.5㎝。がく片5枚。花柄は1～3本。北海道と本州中部に分布。

❹ アズマイチゲ（東一華）

花期：3～5月

葉は3小葉で、小葉は浅く切れ込む。花は径2～3㎝で、がく片10枚前後。花柄は1本。北海道から九州に分布。

❺ キクザキイチゲ（菊咲一華）

花期：3～5月

葉は3小葉で、小葉は羽状に切れ込む。花は径2.5～3㎝。がく片10枚前後。花柄は1本。北海道と本州の近畿以北に分布。花色は白から青紫色。

❻ ユキワリイチゲ（雪割一華）

花期：3月

葉は単葉で柄がない。花は径3～3.5㎝。がく片は10～20枚。花柄は1本。北海道西部から九州に分布。

❶

❷

❸

❹

❺

❻

オウレンの仲間

キンポウゲ科
オウレン属

北海道から四国に分布する常緑の多年草。山地の木陰に生える。花に見えるのはがく片。

▶**見分け方**　がく片の形と葉の切れ込み方で判断する。

❶ オウレン（黄連）

花期：3～4月

がく片は長《ちょう》披《ひ》針《しん》形《けい》で先がとがる。葉は1回3出複葉で切れ込む。北海道西南部と本州の日本海側に分布。

❷ セリバオウレン（芹葉黄連）

花期：3～4月

花は淡黄色で、がく片は長披針形で先がとがる。葉は2～3回3出複葉。北海道から九州に分布。

❸ ミツバノバイカオウレン（三葉の梅花黄連）

花期：5～8月

花は白色で、花はウメの花に似る。葉は1回3出複葉。東北から中部地方の日本海側に分布。

❹ バイカオウレン（梅花黄連）

花期：3～5月

花はウメの花に似る。葉は5小葉。本州の福島県以南と四国に分布。

1

両性花　2　雄花

3

4

オキナグサ（翁草）

キンポウゲ科
オキナグサ属
花期：4～5月

本州から九州に分布する多年草。山地や平地の日当たりのよいところに生える。高さ10～40cm。春に花茎を伸ばし、先端にベル型の花を下向きにつける。花色は暗赤紫色で、外側には白い毛が密生する。

セツブンソウ（節分草）

キンポウゲ科
セツブンソウ属
花期：2～3月

関東以西の本州に分布。山地の落葉広葉樹林の林縁や林床に生える多年草。石灰岩質の土地を好んで生える。高さ5～15cm。細かく裂けた葉の真ん中から花径を出して、花径約2cmの白色の花をつける。花弁に見えるのはがく片。

アズマシロカネソウ（東白銀草）

キンポウゲ科
シロカネソウ属
花期：5～6月

秋田県から福井県の日本海側に分布する多年草。高さ10～25㎝。葉は1回3出複葉で、わきにつく小葉はさらに小さく分かれる。花は径0.7～1㎝。花色はクリーム色で茶褐色の斑入り。

ハコネシロカネソウ（箱根白銀草）

キンポウゲ科
シロカネソウ属
花期：4～5月

神奈川県と静岡県が接する箱根周辺に分布する多年草。高さ10～15㎝。葉は3出複葉で、頂小葉はひときわ大きくて先がとがる。花は径0.6～1㎝の白花で、横向きに咲く。

サイコクサバノオ（西国鯖の尾）

キンポウゲ科
シロカネソウ属
花期：3～5月

本州の近畿と四国に分布する多年草。高さ10~·20㎝。葉は1回3出複葉で、小葉は羽状に切れ込む。花は径約1㎝。花色は白色から淡黄色で、がく片の中央にはっきりした太い条《すじ》が入る。

フクジュソウ（福寿草）

キンポウゲ科
フクジュソウ属
花期：2～5月

北海道から九州に分布するが、寒い地方で多く見られる多年草。山地の林下などに生える。高さ15～30㎝。葉は3回羽状複葉で、細かく裂ける。早春に咲く花は径3～4㎝。艶のある黄色の花を複数つける。

リュウキンカ（立金花）

キンポウゲ科
リュウキンカ属
花期：5～7月

本州と九州に分布する多年草。湿地や浅い沼地に生える。高さ15～50㎝。株元から出る葉は丸みのある腎形。春から初夏に直立した花茎の先に花径2～3㎝の黄色い花をつける。花弁に見えるのはがく片。

ルイヨウショウマ（類葉升麻）

キンポウゲ科
ルイヨウショウマ属
花期：5～6月

北海道から九州に分布する多年草。山地の樹下など、日陰地に生える。高さ40～70㎝。葉は2回3出複葉。小葉は卵形で、不ぞろいの鋸歯《きょし》がある。茎の先に白い小花を総状につける。

カザグルマ（風車）

キンポウゲ科
センニンソウ属
花期：5～6月
本州から九州北部に分布するつる植物。湿りけのある林縁に生え、まわりの木に絡まって高く登る。葉は3～5枚の奇数羽状複葉。春から初夏に花径7～12㎝の大きな花をつける。花色は白色または淡紫色。

シロバナハンショウヅル

（白花半鐘蔓）
キンポウゲ科
センニンソウ属
花期：4～6月
本州の関東、中部、近畿、四国、九州に分布するつる植物。山地の林縁などに生える。葉は1回3出複葉。花は白色の杯形で、垂れ下がって咲く。花弁に見えるのはがく片で、長さ1.5～2㎝。

トリガタハンショウヅル（鳥形半鐘蔓）

キンポウゲ科
センニンソウ属
花期：4～5月
本州、四国に分布するつる植物。葉の多くは1～2回羽状複葉で、ときに頂小葉が巻きひげになる。小葉は深く切れ込む。花は細い釣《つり》鐘《がね》形で、がく片は黄色みを帯びる。がく片の長さ1.5～2㎝。

ハンショウヅル（半鐘蔓）

キンポウゲ科
センニンソウ属
花期：5～6月
本州と四国に分布するつる性低木。山地の林縁などに生え、木に絡まって上に登る。葉は対生で、3小葉。小葉は楕円形。春から初夏に鐘形の花を下向きにつける。花色は紅紫色。

ヒトリシズカ（一人静）

センリョウ科
チャラン属
花期：4～5月
北海道から九州に分布する多年草。主に山地の林床に生える。高さ15～30㎝。茎の先に4枚の葉が輪性状に対《たい》生《せい》する。春に長さ1～3㎝の花穂を1本立て、白い糸状の花をつける。

フタリシズカ（二人静）

センリョウ科
チャラン属
花期：5～6月
北海道から九州に分布する多年草。高さ30～60㎝。茎の上部に対生する葉を密につける。葉は楕円形で長さ8～16㎝。春から初夏に茎の先にふつう2本の花穂を出し、柄のない白花を点々とつける。

ミスミソウの仲間

キンポウゲ科
ミスミソウ属→
イチリンソウ属
花期：2～4月

この仲間は北半球の温帯に9種ほど分布している。日本に自生しているのは、ヨーロッパに分布するヘパチカ・ノビリスの変種や品種で、ミスミソウ、スハマソウ、オオミスミソウ、ケスハマソウがある。

1

1 オオミスミソウ

（大三角草）

秋田県から北陸の日本海側に分布。落葉広葉樹林内に生える。葉は幅5～10㎝で三角状にとがる。花径8～10㎝で、花色も白、紫、紅、藍など変化に富んでいる。

2 スハマソウ

（洲浜草）

ミスミソウの品種。葉は全体に丸い。岩手県から神奈川県の太平洋側に分布。

3 ケスハマソウ

（毛洲浜草）

中部以西と四国東北部に分布。葉の両面や花茎に毛が生えている。

2

3

ウスバサイシン（薄葉細辛）

ウマノスズクサ科
ウスバサイシン属
→カンアオイ属
花期：3～4月

本州から九州北部に分布する多年草。山地の木陰など、やや湿ったところに生える。春に長い葉柄をもつ2枚の葉を対《たい》生《せい》状に出す。葉は卵円形で長さ5～8㎝。葉の間に紫褐色の花を1個つける。

オオバウマノスズクサ（大葉馬の鈴草）

ウマノスズクサ科
ウマノスズクサ属
花期：5月

本州の関東以西から九州に分布する落葉性つる植物。茎は200～300㎝。葉は三角状狭卵形。春に葉のつけ根に、花の先を持ち上げたような独特の形をした花を1個つける。

イカリソウの仲間

別名：サンシクヨウソウ
メギ科　イカリソウ属
花期：4～5月

東アジアを中心に、南ヨーロッパ、北アフリカに分布する多年草。イカリソウの仲間は、地方変種や自然雑種なども多く見られる。

▶**見分け方**　花の色、葉の形や裏面の毛などがポイントになる。

1

2

3

① イカリソウ
（碇草）

高さ20～40㎝。小葉は広卵形で、縁にとげ状の毛がある。花色は淡紫色。北海道南西部から九州に分布。

② トキワイカリソウ
（常葉碇草）

高さ20～60㎝。花色は白色から紅紫色。葉の縁にとげ状の毛がある。主に本州の中部以西の日本海側に分布。

③ バイカイカリソウ
（梅花碇草）

高さ20～30㎝。葉にとげ状の毛がない。花は白色で、距がない。本州の中国地方から九州に分布。

④ キバナイカリソウ
（黄花碇草）

高さ20～30㎝。葉の縁にとげ状の毛がある。花は径3～4㎝の淡黄色。距の長さは2㎝以上。北海道南西部から本州の日本海側に分布。

⑤ ヤチマタイカリソウ
（やちまた碇草）

イカリソウの変種。花は白色。本州の近畿、四国に分布。

4

5

ヒメカンアオイ（姫寒葵）

ウマノスズクサ科
カンアオイ属
花期：2～5月

本州の中部、近畿、中国と四国に分布する多年草。葉は長さ5～8㎝の広卵形で、斑紋《はんもん》のあるものとないものがある。花は径1.5㎝ほどで、淡紫褐色。

コシノカンアオイ（越の寒葵）

ウマノスズクサ科　カンアオイ属　花期：2～5月

本州の山形県から福井県の日本海側に分布する多年草。葉は長い葉柄をもつハート形で、長さ9～12㎝。黒ずんだ光沢がある。花は径2.5～5㎝で、花色は紫褐色。

ヤマシャクヤク（山芍薬）

ボタン科
ボタン属
花期：5月

関東以西から九州に分布する多年草。山地の林下に生え、高さ30～40㎝になる。葉を3～4枚互生《ごせい》する。下部につく葉は2回3出複葉、上部につく葉は3出あるいは1枚の葉になる。花は径4～5㎝の白花。

ベニバナヤマシャクヤク（紅花山芍薬）

ボタン科
ボタン属
花期：5月

北海道から九州に分布する多年草。高さ40～50㎝。葉は互生で、下部の葉は2回3出複葉、上部の葉は3出または単葉。花弁は淡紅色。雌しべの柱頭《ちゅうとう》が長く、巻くようになる。

フウロケマン（風露華鬘）

ケシ科
キケマン属
花期：4～7月

本州の中部以西から九州に分布する二年草。山地から人里、原野などに生える。高さ15～50㎝。葉は羽状に細かく切れ込む。花は長さ1.8～2㎝の鮮やかな黄色で、総状につく。花穂の長さ2～5㎝。

ミヤマキケマン（深山黄華鬘）

ケシ科
キケマン属
花期：4～7月

近畿以東の本州に分布する二年草。丘陵地や山地の林縁、谷川のそばに自生する。高さは20～50㎝。葉は羽状複葉に裂ける。春から夏に多数の花茎を出して、その先に8～15個の黄色い花をつける。

ヤマエンゴサク（山延胡索）

別名：ヤブエンゴサク
ケシ科　キケマン属
花期：4～5月

本州から九州に分布する多年草。高さ10～20㎝。葉の形は変化が激しい。葉柄のつけ根につく苞葉《ほうよう》は、ふつう切れ込む。花は長さ1.5～2.5㎝で、花色は青紫から紅紫色。

ヤマブキソウ（山吹草）

ケシ科
クサノオウ属
花期：4～6月

本州から九州に分布する多年草。主に山野の林床に群生する。高さ30～40㎝。株元から出る葉は羽状複葉で、小葉は5～7枚。春から初夏に、ヤマブキに似た鮮やかな黄色の4弁花をつける。

コンロンソウ（崑崙草）

アブラナ科
タネツケバナ属
花期：4～7月

北海道から九州の山地または谷川沿いに分布する多年草。やや日陰を好んで生える。茎を直立させて、高さ30～70㎝になる。茎には短毛がある。花弁の長さ0.4～1㎝の白い小花を穂状につける。

ワサビ（山葵）

アブラナ科　ワサビ属　花期：3～5月

北海道から九州の山間に分布。渓流の浅瀬に生える多年草。全体に大型で、高さ20～40㎝になる。根茎は太い円柱状で多くの節がある。葉は心形。春に直立した花茎の先に、白い小花をつける。

ヒメレンゲ（姫蓮華）

ベンケイソウ科
マンネングサ属
花期：5～6月

本州の関東以西から九州に分布する多年草。沢沿いの岩の上に生える。茎につく葉は互生で、下部の葉はさじ形、上部の葉は線形。春に5～10㎝の花茎の先に黄花をつける。

ミツバコンロンソウ（三葉崑崙草）

アブラナ科
タネツケバナ属
花期：4～5月

本州の関東以西から四国、九州に分布する多年草。山地の林下に生える。高さ10～20㎝。葉は3小葉で、小葉は卵状披針形で、長さ1～4㎝。春に4弁の白花をつける。花弁の長さ0.6～1㎝。

ユリワサビ（百合山葵）

アブラナ科
ワサビ属
花期：3～5月

北海道から九州の渓流沿いに生える多年草。高さ15㎝と全体に小型で、根茎は細く短い。葉は丸みをもった腎形で、長さ幅ともに2～5㎝。春に花茎を伸ばし、倒れた花茎の先端に白い十字形の花をまばらにつける。

ミヤマカタバミ（深山酢漿草）

別名：ヤマカタバミ
カタバミ科
カタバミ属
花期：3～4月

本州の東北南部以南から四国に分布する多年草。山地の林縁に生える。花茎の高さ5～15㎝。葉は3出で、小葉はハート形、小葉の角はふつう角張る。花は径3～4㎝の白花。

ネコノメソウの仲間

ユキノシタ科
ネコノメソウ属

全国的に分布する多年草。葉は対《たい》生《せい》し、まれに花茎につく葉の一部は互《ご》生《ぜ》となる。この植物名は、果実の先端に1本の線があり、これが昼間の猫の細い瞳に似ることからつけられたといわれる。

▶**見分け方**　がく片の開く角度、茎葉のつきかたがポイントになる。

1

2

4

5

❶ ネコノメソウ（猫の目草）

花期：4〜5月

高さ4〜20㎝。葉は対生し、長さ0.5〜2㎝の卵形。花同士がやや接してつく。花色は黄緑色から黄色。北海道、本州に分布する。

❷ ホクリクネコノメ（北陸猫の目）

花期：5月

高さ約10㎝。葉は対生。茎は無毛。株元から出る葉は、円形から広楕円形。苞は鮮やかな黄色。本州の関東以西に分布。

❸ マルバネコノメ（丸葉猫の目）

花期：5〜7月

高さ7〜15㎝。葉は対生し、葉は円形。がく片は花時に平らに開く。北海道、本州の近畿以東に分布。

❹ シロバナネコノメソウ（白花猫の目草）

花期：4〜5月

高さ5〜10㎝。葉は対生。がく片が白く大きく、先がとがる。本州の近畿以西から九州に分布。

❺ コガネネコノメソウ（黄金猫の目草）

花期：4〜5月

高さ4〜10㎝。葉は対生。花が大きくて鮮やかな黄色。本州の関東以西から九州の、主に太平洋側に分布。

❻ ツルネコノメソウ（蔓猫の目草）

花期：4〜5月

高さ3〜15㎝。花同士はやや離れ気味につく。がく片は黄緑色で平らに開く。本州の関東以西から九州に分布。

❼ ニッコウネコノメソウ（日光猫の目草）

花期：4〜5月

高さ約10㎝。葉は対生。がく裂片はほぼ平開し、緑から黄緑色で、葯は暗紅紫色。東北地方南部から中部地方の太平洋側に分布。

❽ ヤマネコノメソウ（山猫の目草）

花期：3〜4月

高さ10〜20㎝。花同士はやや接してつく。花は黄緑色で、平開すると先がややとがる。北海道西南部から九州に分布。

7

3

6

8

クサイチゴ（草苺）

バラ科
キイチゴ属
花期：3～5月

本州から九州に分布する落葉小低木。高さ20～60㎝。葉は奇数羽状複葉。小葉は卵状披針形で先がとがり、鋸歯がある。花は径約4㎝の白い5弁花で、花後に径約1㎝の球形の実を赤熟する。

ニガイチゴ（苦苺）

バラ科
キイチゴ属
花期：4～5月

本州から九州に分布する落葉小低木。高さ100～200㎝。葉は卵形で、ときに大きく3つに裂ける。縁に細かい鋸歯があり、葉脈がくぼむ。花は白色の5弁花で、花後に実を赤熟するが、苦みがある。

ミツバツチグリ（三葉土栗）

バラ科
キジムシロ属
花期：4～5月

本州から九州に分布する多年草。山野の日当たりのよいところに生える。高さ15～30㎝。葉は3枚の小葉からなる。小葉は長楕円形で、にぶい鋸歯がある。春に咲く花は、径1～1.5㎝の黄色。

ヤマアイ（山藍）

トウダイグサ科
ヤマアイ属
花期：4～7月

本州から沖縄に分布する多年草。山地や低山の林縁に生える。高さ30～40㎝。葉は対生で、披針状長楕円形。雌《し》雄《ゆう》異《い》株《しゅ》。枝先にある葉のわきから花柄を出して、緑色の小花をつける。

ヒメハギ（姫萩）

ヒメハギ科
ヒメハギ属
花期：4～7月

日本全土に分布する常緑多年草。日当たりのよい丘陵地に生える。茎は固く、地面を這い、斜上して高さ10～30㎝になる。卵形の葉を互生する。春から夏にかけて、紫色の蝶に似た花をつける。

フッキソウ（富貴草）

ツゲ科
フッキソウ属
花期：3～5月

北海道から九州に分布する常緑低木。高さ20～30㎝。葉は厚い卵状楕円形で密に互《ご》生《せい》する。早春から春に、雄花は茎の上部に、雌花は下部につく。

ナニワズ（難波津）

ジンチョウゲ科
ジンチョウゲ属
花期：3～5月

北海道、本州の福井県、福島県以北に分布する落葉低木。葉は長さ3～8㎝の披針形。やや輪状に固まってつく。花は葉のつけ根につく。花に見えるのはがく片で、先端が4つに裂ける。がく片の色は黄色。

ギンリョウソウ（銀竜草）

別名:ユウレイタケ
イチヤクソウ科→
ツツジ科
ギンリョウソウ属
花期：4～8月

北海道から沖縄に分布する菌根植物。山地の林下で、やや湿りけのある腐食土に生える。全体が白色。高さ8～20㎝。葉は白いウロコ状で互生する。花は茎の先に下向きにつく。

オニシバリ（鬼縛）

ジンチョウゲ科
ジンチョウゲ属
花期：3～4月

本州の福島県以西から九州中部に分布する落葉小低木。高さ100～150㎝。葉は互生し、長楕円形で、長さ1～3㎝。春に黄緑色の花が葉のつけ根に集まって咲く。花後、果実を赤熟する。

シャク

セリ科
シャク属
花期：5～6月

北海道から九州に分布する多年草。山地の湿地や渓谷沿いに生える。茎は直立して、高さ80～140cmになる。葉は2回3出複葉で、小葉は細かく裂ける。花は白色で小さく、十数個固まって咲く。

ハナウド（花独活）

セリ科
ハナウド属
花期：5～6月

本州の関東以西から九州に分布する大型の多年草。大きいものでは高さ200cmになる。葉は3出複葉で、小葉は裂ける。春から初夏に小さな白花が集まった複散形花序の、直径20cmほどの花をつける。

イワウチワ（岩団扇）

イワウメ科
イワウチワ属
花期：4～5月

北海道西部から近畿以北の本州に分布する多年草。山地のやや暗い林中や岩場に生える。葉は円形で直径2.5～8cm。春に3～10cmの花茎を伸ばし、先端に花径約3cmの漏《ろう》斗《と》状の花を、横向きに1個つける。

イワカガミ（岩鏡）

イワウメ科
イワカガミ属
花期：4～7月

北海道から九州に分布する多年草。山地の岩場や高山の草地でよく見られる。春から夏にかけて高さ10cmほどの花茎を伸ばし、花弁の先端が細かく裂けた花を3～6個つける。花色は薄紅色。

オオイワカガミ（大岩鏡）

イワウメ科
イワカガミ属
花期：4～7月

イワカガミの変種。主に北海道南部から本州の中部以北で、日本海側の多雪地帯に分布。イワカガミの葉の直径が3～6cmに対して、8～12cmと大きい。花はイワカガミ同様の花をつける。

ハシリドコロ（走野老）

ナス科
ハシリドコロ属
花期：4～5月

本州から九州に分布する多年草。山中の湿った木陰に生える。高さ30～60cm。卵状楕円形の葉を互生し、葉のつけ根に鐘形の花をつける。花色は暗紅紫色。

スミレの仲間—1

スミレ科
スミレ属

世界の温帯に400種以上分布している多年草。このうち日本には50種が分布している。主に山地で見られるものに、下記のものがある。

▶見分け方　葉の形のほか、花の形や色、距《きょ》の長さなどがポイントになる。

❶ サクラスミレ

（桜菫）

花期：5月

山の木陰に咲き、葉も花も大型。花色は桃色から淡紫色。北海道から九州に分布。

❷ エイザンスミレ

（叡山菫）

花期：4～5月

葉に深い切れ込みがある。花はふつう淡紫色だが、白色のものもある。本州から九州に分布。

❸ シハイスミレ

（紫背菫）

花期：4～5月

葉は三角状の狭い卵形で先がとがる。花柄は高さ5～8cm。花弁の長さは0.8～1.1cmで、濃紅紫色または淡紫色。本州の長野県以西から九州に分布。

❹ ミヤマスミレ

（深山菫）

花期：5～6月

葉は心形または細長い卵状で、長さ2～3cm。花色は淡紅紫色で、花弁の長さは1.2～1.5cmと大きい。北海道から九州に分布。

❺ フイリミヤマスミレ

（斑入深山菫）

花期：5～6月

葉は卵心形で、葉脈に沿って白い斑がある。花柄は高さ5～8cm。花は径2cm以下と小型で、花色は淡紫色。北海道、本州に分布。

❶

❷

❸

❹

❺

❻

7

8

9

10

11

12

6 スミレサイシン
（菫細辛）

花期：4～6月

葉が出かかるやや前に、淡紫色の花をつける。花弁の長さ1.5～2㎝と大型。葉は先がとがった円心形で、長さ5～14㎝と大きい。北海道南西部と本州の日本海側に分布。

7 アオイスミレ（葵菫）

花期：3～4月

葉は円心形。花は淡紫色で花弁の長さ1～1.3㎝とやや大型。本州から四国に分布。

8 エゾノタチツボスミレ
（蝦夷立坪菫）

花期：4～6月

高さ20～40㎝。株元から出る葉は心形、茎葉は長三角形。花色は淡紫色。北海道、本州に分布。

9 アポイタチツボスミレ
（アポイ立坪菫）

花期：5～6月

高さ10～15㎝。全体に小型で、葉は紫色を帯び、光沢がある。花は紅紫色。北海道に分布。

10 タチツボスミレ
（立坪菫）

花期：4～5月

高さ5～15㎝。葉は長さ1～4㎝の心形。花は淡紫色で、花弁の長さ1.2～1.5㎝。日本全土に分布。

11 ナガバタチツボスミレ
（長葉立坪菫）

花期：4～5月

高さ20～40㎝。葉は卵形から心形。花は淡紫色で、花弁の長さ1.2～1.5㎝。本州の中部以西から九州に分布。

12 ニオイタチツボスミレ
（匂立坪菫）

花期：4～5月

高さ約30㎝。葉は楕円形から卵形。花は紫色で、中心部の白い部分がはっきりしている。北海道から九州に分布。

スミレの仲間—2

⑬ ツボスミレ（壺菫）

花期：4～5月

高さ5～30㎝。花は小型で白色。下弁に紫色の条《すじ》が入る。北海道から九州に分布。

⑭ キスミレ（黄菫）

花期：4～5月

高さ10～15㎝。茎が直立して、上部に3～4枚、心形の葉をつける。花色は黄色で褐色の条が入る。本州の東海以西から九州に分布。

⑮ ダイセンキスミレ（大山黄菫）

花期：4～5月

高さ10㎝以下。葉は心形。花は黄色で、葉の裏が紫紅色を帯びることが多い。本州の中国地方に分布。

⑯ ナガバノスミレサイシン（長葉の菫細辛）

花期：4～5月

スミレサイシンに似るが葉は細長い三角形。花は淡紫色。関東以西の太平洋側から九州に分布。

⑰ フモトスモレ（麓菫）

花期：4～5月

高さ4～7㎝。葉は卵形。花は白色で、距《きょ》や花柄は紫色を帯びる。本州から九州に分布。

⑱ オカスミレ（丘菫）

花期：4月

高さ5～10㎝。全体に無毛。葉は心形。花色は紫。北海道から九州に分布。

⑲ ヒトツバエゾスミレ（一葉蝦夷菫）

花期：4～5月

高さ5～10㎝。葉は完全な単葉から不規則に切れ込むものがある。花は白色または淡紅色。関東北部、長野県北部、四国に分布。

⑬

⑭

⑯

⑰

⑲

⑳

⑳ アケボノスミレ（曙菫）

花期：4～5月

高さ5～10㎝。葉は心形。花は鮮やかな紅紫で、距は短い。北海道から九州に分布。

㉑ テングスミレ（天狗菫）

別名：ナガハシスミレ

花期：4～6月

高さ約15㎝。葉は心形で、先がとがる。花は淡紫色で、長い距がある。北海道から本州に分布。

15

18

21

イワナシ（岩梨）

ツツジ科
イワナシ属
花期：5～6月

北海道南西部と本州の日本海側に分布する、常緑の小低木。山地の林縁に生える。茎が地面を這い、長楕円形の葉を互生する。茎の先に長さ1㎝ほどの鐘形の花をつける。花色は淡紅色。

アカモノ（赤物）

別名：イワハゼ
ツツジ科
シラタマノキ属
花期：5～7月

北海道から四国に分布する常緑低木。山地から高山帯の日当たりのよい乾いたところに生える。高さ10～20㎝。卵形の葉が互生し、上部の葉のつけ根に0.7㎝ぐらいの鐘形の白花をつける。花後、果実が赤熟する。

ツリガネツツジ（釣鐘躑躅）

別名：ウスギヨウラク、サイリンヨウラク
ツツジ科
ヨウラクツツジ属

本州の静岡県西部から石川県以西、四国の徳島県に分布する落葉低木。高さ100～200㎝。葉は長さ2.5～5㎝の倒卵形から楕円形で、枝先に輪性状に互生する。枝先に淡黄色の花を3～7個つける。

アズマシャクナゲ（東石楠花）

ツツジ科
ツツジ属
花期：5〜6月

本州の山形県、宮城県以南、関東、甲信地方に分布する常緑低木。高さ200〜400㎝。葉は革質の長楕円形で先がとがる。長さ5〜15㎝。裏面に綿毛が密生する。漏《ろう》斗《と》状鐘形で紅紫色の花を総状につける。

トウゴクミツバツツジ（東国三葉躑躅）

ツツジ科
ツツジ属
花期：4月

本州の山形県東部、宮城県から三重県鈴鹿山脈の太平洋側に分布する落葉性低木。高さ150〜300㎝。菱形の葉を3枚輪生し、葉の裏面に毛が密生する。紅紫色の花を枝先に1〜3個つける。

モチツツジ（餅躑躅）

ツツジ科
ツツジ属
花期：4〜5月

本州の関東以西から四国に分布する常緑性低木。高さ100〜170㎝。葉は楕円形で、長さ3〜6㎝。表裏に長い毛が密生する。花は径約5㎝で淡紅紫色。がくと花柄に腺《せん》毛《もう》があり、触ると粘る。

キシツツジ（岸躑躅）

ツツジ科
ツツジ属
花期：4〜5月

兵庫県以西、四国、九州北部に分布する常緑低木。川岸の岩の上に生える。高さ100㎝ぐらい。葉は披《ひ》針《しん》形《けい》で両端がとがる。径4〜5㎝で淡紫色の花を枝の先に1〜3個つける。

ミヤマキリシマ（深山霧島）

ツツジ科　ツツジ属　花期：5〜6月

九州各地の山地に分布する常緑低木。高さ約100㎝。小枝を密生して地面を這うようになる。枝先に2〜3個花をつける。花色は個体差があり、紅色、紅紫色、白まである。

アカヤシオ（赤八汐）

ツツジ科
ツツジ属
花期：5月

本州の福島県以西から九州に分布する落葉性低木。山地の岩場に生える。高さ300〜400㎝。葉は楕円形で、枝先に5枚輪生状につく。葉が出る前に濃桃色の花を1〜2個枝先に下向きにつける。花径は約5㎝。

ヤマツツジ（山躑躅）

ツツジ科
ツツジ属
花期：4～5月

北海道から九州の山地に分布する半常緑性低木。高さ100～300cm。葉は互生《ごせい》で、長さ3～5cmの楕円形。表裏に粗い毛がある。春に径4～5cmの花をつける。花色は白色、紅紫色、赤など。

レンゲツツジ（蓮華躑躅）

ツツジ科　ツツジ属　花期：4～6月

北海道南部から九州に分布する落葉性低木。高さ100～200cm。葉は倒披針形で、長さ5～10cm。春に葉が開くのと前後して、径5cmほどの漏斗状の花をつける。花色は橙赤色。

ムラサキヤシオツツジ（紫八汐躑躅）

ツツジ科　ツツジ属　花期：5～6月

北海道、本州の近畿以北に分布する落葉低木。山地の林縁など、湿りけのあるところに生える。高さ100～300cm。葉が開くのに前後して、径3～4cmの濃紅紫色の花を、枝先に2～6個つける。

サクラツツジ（桜躑躅）

ツツジ科
ツツジ属
花期：4～6月

四国の高知県、九州の佐賀県、鹿児島県、沖縄県に分布する常緑低木。高さ100～500cm。葉は長さ3～8cmの楕円形または倒披針形で革質。花は淡紅色で肉厚の漏斗状の花をつける。花径は約5cm。

ヒカゲツツジ（日陰躑躅）

ツツジ科
ツツジ属
花期：5月

本州の関東以西から九州に分布する常緑低木。高さ100～200cm。葉は互生し、長さ3～7cmの披針形から広披針形。枝先に輪性状につく。花は漏斗状の淡黄色で、枝先に2～5個つける。花径は3～4cm。

ツクシシオガマ（筑紫塩竈）

ゴマノハグサ科→
ハマウツボ科
シオガマギク属
花期：5月

九州中部の山地の草原に分布する一年草。高さ20～40cm。葉は狭い長楕円形で羽状に裂ける。ふつう4枚が輪生する。花は紅紫色の唇形《しんけい》で、3～4個ずつ輪生して花穂をつくる。

サクラソウの仲間

サクラソウ科
サクラソウ属

サクラソウの仲間は世界各地に数多くの種類がある。日本には14種自生している。山地に咲く花には、下記のものなどがある。
春の野に咲くサクラソウ22ページ

▶見分け方 カッコソウとイワザクラは似ているが、カッコソウは葉柄や花茎に軟毛が密生しているので区別できる。

1 テシオコザクラ
（天塩小桜）

花期：5～6月
高さ約15cm。白色の漏《ろう》斗《と》状の花が2～3個つく。花径は約1.5cm。北海道北部に分布。

2 シナノコザクラ
（信濃小桜）

花期：4～6月
高さ5～10cm。葉は径1.5～7cmの円形で無毛。花は紅紫色で、5裂している。関東西部、中部地方南部に分布。

3 イワザクラ（岩桜）

花期：4～6月
高さ5～10cm。花径2.5～3cm。本州の一部（岐阜県と紀伊半島）、四国、九州に分布。

4 コイワザクラ（小岩桜）

花期：5月
高さ5～10cm。花径1.8～2.5cm。関東一部と紀伊半島に分布。

5 カッコウソウ（勝紅草）

花期：5月
高さ10～20cm。広い円形の葉が特徴。関東から四国に分布。

6 クリンソウ（九輪草）

花期：5～6月
高さ40～80cm。花を2～5段に輪生する。北海道から四国に分布。

1

2

3

4

5

6

ハルリンドウ（春竜胆）

リンドウ科
リンドウ属
花期：3～5月

北海道から九州に分布する二年草。山地の日当たりのよいやや湿ったところに生える。高さ5～15cm。地際から出る葉は卵形で、茎につく葉は小さい。花は長さ2～3cmの漏斗状で青紫色。

フデリンドウ（筆竜胆）

リンドウ科
リンドウ属
花期：4～5月

北海道から九州に分布する二年草。山地の日当たりよいところに生える。高さ5～10cm。茎につく葉は卵円形で対《たい》生《せい》する。茎の先につく花は、長さ2～2.5cmの漏斗状で青紫色。

イナモリソウ（稲守草）

アカネ科　イナモリソウ属　花期：5～6月

関東南部以西から九州に分布する小型の多年草。主に山地の道ばたに生える。草丈3～5cm。葉は上部で2対、下で4枚が輪生状につく。全体に曲がった短毛が生える。花は先が5つに裂けた漏斗状で、紅紫色。

サツマイナモリ（薩摩稲守）

アカネ科
サツマイナモリ属
花期：12～5月

関東地方南部以西から沖縄に分布する多年草。林下のやや湿ったところを好む。細い茎が地面を這い、斜上して高さ10～25cmになる。花は長さ1～1.5cmの漏斗状。花色は白。茎の先に7～20個集まって咲く。

ホタルカズラ（蛍葛）

ムラサキ科
ムラサキ属
花期：4～5月

日本全土に分布する多年草。乾いた山地や丘陵に生える。高さ15～25cm。倒《とう》披《ひ》針《しん》形《けい》の葉を互生する。春に、茎の上部にある葉のつけ根に、径1.5cmほどの瑠璃色の花をつける。

エゾムラサキ（蝦夷紫）

ムラサキ科
ワスレナグサ属
花期：5～7月

北海道と本州中部に分布する多年草。山地の林内に生える。高さ20～40cm。全体に粗い毛がある。株元から出る葉は長いヘラ形。茎葉は倒披針形。花は径0.5～0.8cm。瑠璃色の花を総状につける。

エチゴルリソウ（越後瑠璃草）

ムラサキ科
ルリソウ属
花期：5月

本州の東北、関東に分布する多年草。山地の林内に生える。高さ25～40cm。株元から出る葉はヘラ形。花色は青紫色で、茎の先に数個花穂状につける。

ヤマルリソウ（山瑠璃草）

ムラサキ科　ルリソウ属　花期：4～5月

本州の福島県以南から九州に分布する多年草。山地のやや湿り気のある木陰に生える。高さ7～20cm。茎につく葉は基部が茎を抱く。花径1cm。淡青紫色の花がつぎつぎと咲く。

ジュウニヒトエ（十二単）

シソ科
キランソウ属
花期：4～5月

本州、四国に分布する多年草。山地や丘陵のやや乾いた、明るい雑木林に生える。高さ10～25cm。全体に縮れた白毛が密生している。茎の先に淡紫色の唇形花《しんけいか》を穂状につける。

タチキランソウ（立金瘡小草）

シソ科
キランソウ属
花期：4～6月

本州の関東南西部から東海に分布する多年草。山地の林内や林縁に生える。茎の長さ5～20cm。白毛がある。茎は斜上または横に広がって群生する。花は瑠璃色の唇形で、上唇弁が2つに裂ける。

オウギカズラ（扇葛）

シソ科
キランソウ属
花期：4～5月

本州から九州に分布する多年草。山地の木陰に生える。高さは8～20cm。葉は心形で長さ2～5cm。縁に粗い波状の鋸歯が数個ある。春に唇形の淡紫色の花を数個、対生《たいせい》につける。花冠の長さ約2.5cm。

ヒイラギソウ（柊草）

シソ科
キランソウ属
花期：4～6月

関東の中部地方に分布する多年草。高さ30～50cm。葉は対生し、長さ5～10cmの卵円形で、不規則な切れ込みがある。茎の上部にある葉のわきに、唇形花を3～5段つける。花は青紫色で、長さ約2cm。

ニシキゴロモ（錦衣）

シソ科
キランソウ属
花期：4～5月

北海道、本州、九州の日本海側に分布する多年草。日当たりのよい丘陵や林内に生える。茎は直立し、高さ8～15㎝になる。葉は対生で、長倒卵形。花はふつう白色だが、青紫色（写真）のものもある。

タツナミソウ（立浪草）

シソ科
タツナミソウ属
花期：5～6月

本州から九州に分布する多年草。主に丘陵地の半日陰に生える。高さ20～40㎝。短い柄のある円心形の葉が対生する。春から初夏に、茎の先に一方向を向いた唇形の花を穂状につける。花色は青紫。

ラショウモンカズラ（羅生門葛）

シソ科
ラショウモンカズラ属
花期：4～5月

本州から四国に分布するつる性の多年草。山地の木陰などに生える。高さ20～30㎝。長い柄のある腎形の葉が対生する。春に長さ4～5㎝で青紫色の唇形花がつく。下唇には長い白毛がある。

ツクシタツナミソウ（筑紫立浪草）

シソ科
タツナミソウ属
花期：5～6月

本州の西部と九州に分布する多年草。山地の林縁などに生える。高さ20～30㎝。葉は長卵形で、葉脈が白っぽくなり、葉裏は紫色を帯びる。花は唇形で青紫色。茎の先に一方向を向いてつける。

ヤマタツナミソウ（山立浪草）

シソ科
タツナミソウ属
花期：5～6月

北海道から九州に分布する多年草。主に山地の木陰に生える。高さ10～25㎝。葉は心形で表裏に粗い毛がある。花は唇形で青紫色。茎の先にまとまってつき、一方向を向いて咲く。

アカバナヒメイワカガミ（赤花姫岩鏡）

イワウメ科
イワカガミ属
花期：4～5月

関東南部から近畿の太平洋側に分布する多年草。山地の岩場に生える。葉は径1～5㎝の円形で、とがった鋸《きょ》歯《し》がある。花は径1.5～2㎝。ふつう淡紅色。細長い花茎の先に2～7個つける。

レンプクソウ（連福草）

別名：ゴリンバナ
レンプクソウ科
レンプクソウ属
花期：3～5月

北海道、本州の近畿以東に分布する多年草。山地の林内や竹林に生える。高さ8～15㎝。葉は羽状に切れ込む。春に茎の先に、径0.4～0.6㎝の黄緑色の花が5個集まって咲く。

サワオグルマ（沢小車）

キク科
キオン属
花期：4～6月

本州から沖縄に分布する多年草。山地の日当たりのよい湿地に生える。高さ50～80㎝。株元から出る葉は長さ12～25㎝の細長い楕円形。花は径3.5～5㎝の黄花で、茎の先に集まって咲く。

フキ（蕗）

キク科
フキ属
花期：4～5月

本州の岩手県以南から沖縄に分布する多年草。山野に生え、地下茎を伸ばしてふえる。若い花茎はフキノトウ（写真）と呼ばれる。葉は幅15～30㎝の腎円形。葉柄は長さ約60㎝。葉が出る前に花茎を出す。

ツルカノコソウ（蔓鹿の子草）

オミナエシ科→スイカズラ科　カノコソウ属　花期：4～5月

本州から九州に分布する多年草。高さ20～40㎝。基部から細長いつるを出して繁殖する。葉は対《たい》生《せい》。花は長さ0.2㎝ほどの小花で、花《か》冠《かん》の先が5つに裂ける。花色は白色、やや紅色を帯びる。

センボンヤリ（千本槍）

キク科
センボンヤリ属
花期：春と秋

北海道から本州の山地に分布する多年草。春の花は高さ約10㎝。中心に筒状花があり、そのまわりに舌状花が一列に並ぶ。秋の花は高さ30～60㎝。筒状花だけの閉鎖花（写真右下：開花しない花）となる。

ミヤマヨメナ（深山嫁菜）

別名：ノシュンギク
キク科
ミヤマヨメナ属
花期：5～6月

本州から九州に分布する多年草。山地の林縁や雑木林などに群生する。高さ20～50㎝。葉は長楕円形で、大きな鋸《きょ》歯《し》が2～3個ある。茎頂につく花は、花径3.5～4㎝で白色。

アズマギク（東菊）

キク科
ムカシヨモギ属
花期：4～6月

本州の中部以北に分布する多年草。根際から長い柄をもつヘラ状の葉を出し、高さ20～30cmの花茎を直立して1個の花をつける。花径は3～3.5cm。花色はふつう筒状花が黄色で、まわりの舌状花は淡紅紫色。

カタクリ（片栗）

ユリ科
カタクリ属
花期：4～6月

北海道から九州に分布する多年草。山地や丘陵の落葉樹の明るい林床に群生することが多い。高さ10～20cm。春から初夏に花茎の先に径4～5cmの花を下向きにつける。花色は紅紫色で、花弁が反り返る。

エンレイソウ（延命草）

ユリ科→
シュロソウ科
エンレイソウ属
花期：4～5月

北海道から九州に分布する多年草。林床のやや湿ったところに生える。高さ20～40cm。茎の先に3枚の葉を輪生する。葉は広卵形で長さ10～15cm。葉の中心から花柄を出して、紫褐色の花をつける。

オオバナノエンレイソウ

（大花の延命草）

ユリ科→
シュロソウ科
エンレイソウ属
花期：5～6月

北海道から本州の北部に分布する多年草。高さ約20cm。シロバナエンレイソウに似るが、白色の花は大型で、花弁の長さが4cmほどになる。

シロバナエンレイソウ（白花延命草）

別名：
ミヤマエンレイソウ
ユリ科→
シュロソウ科
エンレイソウ属
花期：4～6月

北海道から九州に分布する多年草。主に山地の林床に生える。高さ20～40cm。全体にエンレイソウと似るが、花色が白いので見分けられる。

シライトソウ（白糸草）

ユリ科→
シュロソウ科
シライトソウ属
花期：5～6月

秋田県以南の本州から九州に分布する多年草。山地の木陰に生える。長楕円形の葉が株元から出て、高さ15～50cmの花柄が立つ。花柄には線形または披《ひ》針《しん》形《けい》の葉がつく。白い花穂の長さ5～20cm。

ツクシショウジョウバカマ（筑紫猩々袴）

ユリ科→
シュロソウ科
ショウジョウバカマ属
花期：4～5月

九州に分布する多年草。高さ10～30cm。山野のやや湿ったところに生える。株元から出る葉は倒披針《とうひしん》形で冬も枯れない。茎には鱗片葉がある。花色は白色から淡紅色。

スズラン（鈴蘭）

ユリ科→
キジカクシ科
スズラン属
花期：4～6月

北海道、本州、九州に分布する多年草。山地の草地に生える。高さ20～35cm。2枚の長楕円形の葉が、基部で鞘《さや》状《じょう》に互いに巻きつく。春から初夏に径1cmぐらいの鐘形の白花を5～10個、下向きにつける。

チゴユリ（稚児百合）

ユリ科→
イヌサフラン科
チゴユリ属
花期：4～5月

北海道から九州に分布する多年草。山地のやや明るいところに生える。高さ15～30cm。卵状披針形の葉が互生する。春に茎の先に1～2個、6弁の白い花を斜め下向きにつける。花びらの長さ1～1.5cm。

ショウジョウバカマ（猩々袴）

ユリ科→
シュロソウ科
ショウジョウバカマ属
花期：4～5月

北海道から九州に分布する常緑の多年草。山地のやや湿りけのあるところに生える。株元から出る葉は倒披針形。春に高さ10～30cmの花茎を立て、紅紫色の花を3～15個、横向きにつける。

ネバリノギラン（粘芒蘭）

ユリ科→
ノギラン科
ソシンラン属
花期：4～7月

北海道、本州の中部以北、四国、九州に分布する多年草。山地から高山の湿りけのある礫地に生える。高さ20～40cm。株元から出る葉は、披針形または倒披針形。花は黄褐色で、ほとんど開かない。

ホウチャクソウ（宝鐸草）

ユリ科→
イヌサフラン科
チゴユリ属
花期：4～5月

日本全土に分布する多年草。高さ30～60cm。上部で枝分かれする。葉は長楕円形で長さ5～15cm。春に茎の先に1～3個、筒状の花を垂れ下げる。花は白色で、先端が緑色を帯びる。

アマドコロ（甘野老）

ユリ科→
キジカクシ科
ナルコルリ属
花期：5～6月

北海道から九州に分布する多年草。高さ30～80cm。茎に6本の稜《りょう》がある。葉は互生し、長さ5～15cmの長楕円形で先がとがる。葉のわきから1つまたは2つの花柄を出し、長さ約2cmの筒型の花を垂れ下げる。

ナルコユリ（鳴子百合）

ユリ科→
キジカクシ科
ナルコルリ属
花期：5～6月

本州から九州に分布する多年草。高さ50～90cm。茎には稜がない。葉は互生し、長さ10～15cmの披針形。葉のわきから枝分かれした花柄を出し、長さ2cmほどの緑白色の花をつける。

コバイモの仲間

ユリ科
バイモ属

バイモ属は、北半球の温帯域に約100種分布している。日本にはコバイモとクロユリが分布している。ここでは、山地に自生するコバイモには下記のものがある。

❶ アワコバイモ
（阿波小貝母）
花期：3～5月
四国のやや高い山地に分布。花に暗褐色の斑紋が入る。

❷ イズモコバイモ
（出雲小貝母）
花期：3～4月
島根県に分布。高さ10～15cm。下向きの花が傘状に開く。

❸ ホソバコバイモ
（細葉小貝母）
花期：4～5月
本州の中国地方から九州に分布。高さ15～20cm。花は細長い筒状鐘形。

❹ コシノコバイモ
（越の小貝母）
花期：3～4月
主に本州の北陸地方に分布。高さ 10～20 cm。

❶

❷

❸

❹

アヤメ（文目）

アヤメ科　アヤメ属　花期：5～7月

北海道から九州に分布する多年草。山地の乾燥した草原に生える。高さ30～60cm。葉は長さ30～50cm、幅約1cmの剣状線形。花被片は紫色で、基部にある白地に青紫色の網目が入る。

エヒメアヤメ（愛媛文目）

別名：タレユエソウ
アヤメ科
アヤメ属
花期：4～6月

本州の中国地方、四国、九州に分布する多年草。高さ5～15cm。葉は長さ15～30cmの線形。茎は分枝せず、1つの花をつける。花色は青紫色で、まれに白色。

ヒメシャガ（姫射干）

アヤメ科
アヤメ属
花期：5～6月

北海道南西部から九州北部に分布する多年草。乾いた林下や岩場に生える。高さ30cm以下。葉は長さ15～30cm、幅1cmぐらいの線形。花は径3～5cm。花色は淡紫色で、中央部分に黄色いひげがある。

テンナンショウの仲間

1

3

5

2

4

サトイモ科
テンナンショウ属

テンナンショウ属は、主に東アジアからヒマラヤにかけての暖帯から温帯にかけて分布する多年草。半日陰の湿潤なところに生える。地下茎で殖え、花は特異な仏炎苞《ぶつえんほう》という苞葉《ほうよう》に守られる。

▶**見分け方**　仏炎苞の形や付属物の有無、葉の形などがポイント

❶ マムシグサ
（蝮草）
花期：4～6月
茎にマムシに似た模様がある。本州から九州に分布。

❷ ムサシアブミ
（武蔵鐙）
花期：3～5月
仏炎苞が馬具の鐙《あぶみ》に似る。関東以西から九州に分布。

❸ ツクシヒトツバテンナンショウ
（筑紫一葉天南星）
花期：4～6月
白地に緑の模様が入った長さ10cm前後の花をつける。九州に分布。

❹ ヒトツバテンナンショウ
（一葉天南星）
花期：4～5月
葉が1つ。仏炎苞の内部に八の字の斑がある。本州の中部以北に分布。

❺ ナンゴクウラシマソウ
（南国浦島草）
花期：4～5月
ウラシマソウの亜種。付属体の下に横しわがあるのが本種。本州の山口県、四国、九州に分布する。

❻ ヒロハテンナンショウ
（広葉天南星）
花期：5～6月
葉は1枚。照葉5枚。葉より低い位置に肉穂を出す。仏炎苞に白い条《すじ》が入る。北海道、本州の福井以北、九州北部に分布。

❼ ウラシマソウ
（浦島草）
花期：4～5月
仏炎苞に囲まれた付属体の先が、長い糸状になり、仏炎苞の外に伸びる。本州から九州に分布。

❽ ユキモチソウ
（雪持草）
花期：4～5月
本州の一部と四国に分布。仏炎苞の長さは7～12 cm。付属体の先が白く丸い。

6

7

8

ザゼンソウ（坐禅草）

サトイモ科
ザゼンソウ属
花期：3～5月

北海道、本州に分布する多年草。主に山地の水湿地に生える。長い柄をもつ葉が株元から出る。花茎は長さ10～20cm。暗紫色で長さ20cmぐらいの仏《ぶつ》炎《えん》苞《ほう》をつける。仏炎苞に包まれた花序は長さ約2cm。

ジエビネ（地海老根）

ラン科
エビネ属
花期：4～5月

北海道西南部から沖縄に分布する多年草。雑木林の林床に生える。葉は先のとがった披針状長楕円形で、根元に2～3枚つく。春に30～40cmの花茎を出して、白色または淡紫色の花をつける。

サルメンエビネ（猿面海老根）

ラン科
エビネ属
花期：4～5月

北海道から九州に分布する多年草。深山の落葉樹下に生える。高さ30～50cm。花はジエビネより大きい。がく片と側花弁は黄緑色、唇《しん》弁《べん》は茶褐色で3つに裂け、側裂片は小さい。

ハナミョウガ（花茗荷）

ショウガ科
ハナミョウガ属
花期：5～6月

本州の関東以西から奄美に分布する多年草。高さ40～60cm。葉は常緑で長さ15～40cm、幅5～8cmの広披針形。花は唇《しん》形《けい》の小花で、白地に紅色の条《すじ》が目立つ。長さ10～15cmの花穂になる。

キエビネ（黄海老根）

ラン科
エビネ属
花期：4～5月

和歌山県、中国地方、四国、九州に分布する多年草。山地の森林下に生える。高さ30～50cm。花径が4～6cmとやや大きく、香りがあるものもある。花色は黄色。

ガンゼキラン（岩石蘭）

ラン科
ガンゼキラン属
花期：5～6月

本州の静岡県、紀伊半島、四国、九州に分布する多年草。高さ40～60cm。葉は長さ約40cm、幅約8cmの楕円形。春に黄色い花を総状につける。唇弁の先端部分にしわがあり、赤っぽくなる。

キンラン（金蘭）

ラン科
キンラン属
開花：4～6月

本州から九州に分布する多年草。山地のやや明るい林床に生える。高さ30～70㎝。長楕円形の葉が互生する。葉の長さ8～15㎝。先がとがり、基部は茎を抱く。花は黄色で3～12個つく。

ギンラン（銀蘭）

ラン科
キンラン属
開花：5～6月

北海道から九州に分布する多年草。山地の林床に生える。高さ10～30㎝。茎の上部に楕円形または卵状楕円形の葉をつける。基部は茎を抱きかげんになる。春から初夏に、小さな白花を2～4個つける。

クマガイソウ（熊谷草）

ラン科
アツモリソウ属
花期：4～5月

北海道南西部から九州に分布する多年草。高さ20～40㎝。地下茎で横に広がり、群生する。葉は扇形で直径15～20㎝。葉の中心から花柄を立てて、袋状の唇弁をもつ花を横向きにつける。花径は8～10㎝。

シュンラン（春蘭）

別名：ホクロ
ラン科
シュンラン属
花期：3～4月

北海道から九州に分布する多年草。高さ10～25㎝。山地のやや乾燥したところに生える。葉は常緑で幅0.6～1㎝、長さ20～50㎝。花茎の先に径3～5㎝の淡黄緑色の花をつける。

キバナノセッコク（黄花石斛）

ラン科
セッコク属
花期：5～8月

八丈島、四国から沖縄に分布する着生ラン。茎の長さ15～40㎝で、やや下垂する。葉は長さ約6.5㎝、幅約1.5㎝の披針形で厚い。花は黄緑色で、唇弁の先が暗紫色。2～5個が総状につく。

セッコク（石斛）

ラン科
セッコク属
花期：5～6月

本州から沖縄に分布する多年草。常緑樹林内の樹上や岩上に着生する。高さ5～25㎝。葉は広線形で長さ3～5㎝。春から初夏に、白色または淡紅色を帯びた、径3㎝ほどの花を多数つける。

シラン（紫蘭）

ラン科
シラン属
花期：5～6月

本州の中部以西から沖縄に分布する多年草。日当たりのよい湿った斜面によく生える。高さ30～70㎝。葉は長さ20～30㎝、幅約5㎝の披針形。春に紅紫色の大型の花を3～7個つける。

イワチドリ（岩千鳥）

ラン科
ヒナラン属
花期：4～6月

本州の中部と近畿、四国に分布する多年草。谷川の岩上などに生える。高さ5～15㎝。狭卵形から長楕円形の葉を1枚つける。春に淡紅色の花をつける。

シダの仲間

シダ植物は世界に10000種あるといわれ、そのうち日本には約600種が自生している。山地の日陰で、湿ったところに生える。胞子でふえ、大きく分けると夏緑性（冬に地上部がなくなるもの）と、常緑性の2つのタイプがある。ここでは、庭などに用いられることの多い、なじみのあるシダ植物を取り上げた。

1 クジャクシダ（孔雀羊歯）
北海道から本州に多く分布する夏緑性シダ。葉は長さ15～30㎝の1回羽状複葉で、全体で扇を広げた形になる。

2 クサソテツ（草蘇鉄）
日本各地に自生する夏緑性シダ。葉が美しいことから、よく庭で用いられる。若芽は「コゴミ」と呼ばれる山菜。

3 ゼンマイ（薇）
北海道南部から九州東部に分布する夏緑性シダ。葉は高さ50～100㎝になる。葉は2回羽状複葉で、切れ込みは浅い。若芽は山菜。

4 シシガシラ（獅子頭）
北海道から屋久島に分布する常緑性シダ。葉は長さ40㎝で1回羽状複葉。はっきりした形の葉を密につける。

5 リョウメンシダ（両面羊歯）
北海道から九州に分布する常緑性シダ。葉の表裏が同じ色をしている。高さ100㎝になる大型のシダ。葉が細かく切れ込み、美しい。

6 イノモトソウ（井の許草）
東北南部以南から沖縄に分布する常緑性シダ。高さ10～25㎝。葉は細長い線形で、スッキリとしている。

1

2

3

4

5

6

春の山野草

海岸の花

オクエゾサイシン（奥蝦夷細辛）

ウマノスズクサ科
ウスバサイシン属
花期：5～6月

北海道と本州の東北地方の沿岸に分布する多年草。高さ10～15㎝。葉が2枚つく。葉は長さ幅とも5～12㎝の心形で、長い柄がある。花は径約1.2㎝。葉の間から茎が出て、花を1個つける。

キケマン（黄華鬘）

ケシ科
キケマン属
花期：3～5月

本州の近畿以東に分布する多年草。海岸付近によく生える。高さ40～60㎝。茎は丸くて太く、中空。葉は3～4回羽状に切れ込む。花は黄色ので、長さ約1.5㎝。茎の先に長さ3～10㎝で総状に多数つく。

ハマハタザオ（浜旗竿）

アブラナ科
ヤマハタザオ属
花期：4～6月

北海道から九州の海岸砂地に生える二年草。高さ20～40㎝。全体に粗い毛がある。株元から出る葉は、長さ2～8㎝のヘラ形。茎につく葉は広《こう》披《ひ》針《しん》形《けい》で基部が茎を抱く。白花で、花弁の長さ0.7～0.9㎝。

ハマアズキ（浜小豆）

マメ科
ササゲ属
花期：4～11月

九州から沖縄に分布するつる性多年草。海岸砂地から人里などに生える。茎の長さ500cm以上。葉は3出複葉。小葉は卵形から広卵形。花は黄色の唇形《しんけい》で、長さ1.5～1.8cm。花後に豆の入ったさやがつく。

イソスミレ（磯菫）

別名：セナミスミレ
スミレ科
スミレ属
花期：4～5月

北海道南西部から本州の日本海側に分布する多年草。高さ5～10cm。葉は円心形で厚みがある。花は鮮やかな濃青紫。花弁の長さ1.3～1.5cmで、スミレとしては大輪の花をつける。

ハマボッス（浜払子）

サクラソウ科
オカトラノオ属
花期：5～6月

北海道から沖縄に分布する二年草。岩場か砂浜に生える。高さ10～40cm。葉は互生《ごせい》で、長さ2～5cmの倒披針形。花は径1～1.5cmの白花で、総状につく。花は筒状で、先端が5つに裂ける。

ハマエンドウ（浜豌豆）

マメ科
レンリソウ属
花期：4～7月

北海道から沖縄に分布する多年草。海岸砂地に生える。茎の長さ100cmくらい。葉は偶数羽状複葉で、3～6対。先端が巻きひげとなる。花は長さ2.5～3cmの蝶形。花色は赤紫色から青紫色。

ハマウド（浜独活）

セリ科
シシウド属
花期：5～6月

本州の関東以西から沖縄に分布する多年草。海岸砂地に生える。高さ100～150cm。葉は3回羽状複葉で、光沢がある。春から初夏に白色の小花を複散形に多数つける。

ルリハコベ（瑠璃繁縷）

サクラソウ科
ルリハコベ属
花期：3～5月

伊豆七島、紀伊半島、四国、九州、沖縄に分布する一年草。高さ10～20cm。葉は対生《たいせい》で、長さ1～1.5cmの卵形。花は径約1cmで、先端が深く5つに裂ける。花色は瑠璃色。

ハマヒルガオ（浜昼顔）

ヒルガオ科
ヒルガオ属→
セイヨウヒルガオ属
花期：5～6月

北海道から沖縄に分布する多年草。海岸の砂地に生える。茎は地面を這って横に広がる。葉は円心形で厚みがある。花は漏斗《ろうと》状で、長さ4～5cm。花色は淡紅色。

ハマウツボ（浜靫）

ハマウツボ科
ハマウツボ属
花期：5～7月

北海道から沖縄に分布する寄生植物。海岸や河原の砂地に生える。高さ10cm前後。葉緑素をもたず、茎に鱗片《りんぺん》葉《よう》がまばらにつく。花は長さ約2cmで、穂状に多くつく。花は筒状の唇形花《しんけいか》で、花色は淡紫色。

ハマニガナ（浜苦菜）

キク科
ニガナ属
花期：4～5月

北海道から九州に分布する多年草。海岸の砂地に生える。地下茎が砂の中を這い、葉だけが砂の上に出る。葉は互生。葉のわきから10cmほどの花茎を出し、径約3cmの黄色い花をつける。

コバノタツナミ（小葉の立浪）

シソ科
タツナミソウ属
花期：4～5月

本州の伊豆以西から九州に分布する多年草。海岸近くの崖地などに生える。高さ約15cm。茎の断面は四角形。葉は対生で径約1cmの円心形。花は淡紫色の唇形で、一方に片寄って花をつける。

シマアザミ（島薊）

キク科
アザミ属
花期：1～9月

奄美、沖縄に分布する大型の多年草。海岸近くに生える。高さ15～100cm。全体にクモの糸のような毛がある。葉はやや厚い長楕円形で、羽状に切れ込む。花は径約5cmで、花色は白色または紅紫色。

コウボウムギ（弘法麦）

カヤツリグサ科
スゲ属
花期：4～5月

北海道西海岸から沖縄に分布する多年草。海岸の砂地に太い根茎を長く伸ばして生える。高さ10～20cm。葉は革質で、縁がざらつく。雌雄異《しゆうい》株《しゅ》。春に雌雄の小穂をつける。

エゾスカシユリ

夏の山野草

夏の山野草

野の花

カラムシ（茎蒸）

イラクサ科
カラムシ属
花期：7～9月

本州から九州に分布する多年草。高さ 100～150㎝。葉は互生《ごせい》し、長さ10～15㎝の広卵形から狭卵形。葉裏には白毛が密生する。夏から初秋に、葉に隠れるように雄花を茎の中部に、雌花を茎の上部につける。

イタドリ（虎杖）

タデ科
イタドリ属
花期：7～10月

北海道から九州に分布する多年草。荒れ地に生える。高さ30～150㎝。葉は互生し、長さ5～15㎝の広卵形。夏から秋に白色の小花を密につける。花が赤いものをメイゲツソウ（明月草）という。

アキノウナギツカミ（秋の鰻つかみ）

タデ科
イヌタデ属
花期：7～10月

北海道から九州に分布する一年草。湿地や水辺に生える。高さ約100㎝。葉は長さ5～10㎝の披針形《ひしんけい》で、基部は矢じり形。夏から秋に、淡紅色の小花が数個集まって咲く。

ヒメツルソバ（姫蔓蕎麦）

タデ科
イヌタデ属
花期：5~6月、9~11月

ヒマラヤ原産の多年草。帰化植物。明治に渡来し、日本各地で野生化している。茎は長さ50㎝ほど。葉は互生。先がとがった卵形で、紫色の斑が入る。淡紅紫色の小花が集まって、径1㎝ほどの球になる。

サナエタデ（早苗蓼）

タデ科
イヌタデ属
花期：5〜10月

北海道から九州に分布する多年草。日当たりのよい道ばたや草原に生える。高さ30〜100㎝。葉は長さ4〜12㎝の披針形で、先は垂れない。春から秋に、白色か淡紅色の小花を穂状につける。花穂の長さ1〜5㎝。

ミゾソバ（溝蕎麦）

タデ科
イヌタデ属
花期：7〜10月

北海道から九州に分布する一年草。水辺に生える。高さ30〜100㎝。葉は互生し、長さ3〜12㎝のほこ形。花は径0.4〜0.7㎝の淡紅色または白色で、コンペイトウのような花形になる。

イヌタデ（犬蓼）

別名：アカマンマ
タデ科
イヌタデ属
花期：6〜10月

北海道から沖縄に分布する一年草。道ばたや野原に生える。高さ20〜50㎝。葉は長さ3〜8㎝の広披針形。茎の先に紅色の小花を穂状に密につける。

ママコノシリヌグイ（継子の尻拭い）

タデ科
イヌタデ属
花期：5〜10月

北海道から沖縄に分布する一年草。やや湿った草地や道ばたなどに生える。高さ約100㎝。茎はつる状で、鋭いとげがある。葉は互生し、長さ3〜8㎝の三角形。花の上部は赤、下部は白い。

ヨウシュヤマゴボウ（洋種山牛蒡）

別名：アメリカゴボウ　ヤマゴボウ科　ヤマゴボウ属
花期：6〜10月

北アメリカ原産の多年草。帰化植物。高さ100〜200㎝。葉は長楕円形。紅色を帯びた白色の小花を穂状につけ、花後、実が黒紫色に熟す。

ギシギシ（要蹄）

タデ科
ギシギシ属
花期：6～8月

日本全土の野原に分布する多年草。高さ40～100㎝。株元から出る葉は、長い柄をもつ長楕円形。茎につく葉は細長い。葉の縁は波打つ。夏に茎の上部に淡緑色の小花を穂状に密につける。

スイバ（酸い葉）

別名：スカンポ
タデ科
ギシギシ属
花期：5～8月

北海道から九州に分布する多年草。田畑の畦道や人里に生える。高さ30～100㎝。葉は長い柄をもつ披《ひ》針《しん》形《けい》で、茎につく葉は茎を抱く。淡緑色または淡紫色の小花を穂状にたくさんつける。

ヒメスイバ（姫酸い葉）

タデ科
ギシギシ属
花期：5～8月

ユーラシア原産の多年草。帰化植物。明治初期に渡来し、北海道から九州に分布する。スイバより小型で、高さ20～50㎝。葉は細いほこ形で長さ2～7㎝。晩春から夏に、褐色の小花を総状につける。

マダイオウ（真大黄）

タデ科
ギシギシ属
花期：6～7月

本州から九州に分布する多年草。川辺の湿地などに生える。高さ70～150㎝。葉は長楕円形で葉の裏には鋭い突起が密生する。初夏から夏に茎の先に淡緑色の花を密に輪生して咲かせる。

カラハナソウ（唐花草）

クワ科
カラハナソウ属
花期：8～9月

北海道、本州中部以北に分布する、雌《し》雄《ゆう》異《い》株《しゅ》のつる性多年草。茎に下向きのとげがある。葉は長さ5～12㎝の卵円形で、ときに3つに裂ける。花は淡黄色で、雄花は円錐形に、雌花は玉穂状につく。（写真は果穂）

エゾオオヤマハコベ（蝦夷大山繁縷）

ナデシコ科
ハコベ属
花期：7～8月

北海道から本州の北部に分布する多年草。湿った草原に生える。高さ50～80㎝。葉は対生。長さ6～12㎝の卵状長楕円形で先がとがる。白花を集散状につける。花弁の長さ0.6～1.1㎝。

ノゲイトウ（野鶏頭）

ヒユ科
ケイトウ属
花期：7～10月

インド原産の一年草。帰化植物。本州の関東以西で野生化している。高さ40～80㎝。葉は互生し、長さ5～8㎝の披針形か細い卵形。赤みを帯びることも多い。長さ0.8～1㎝の小花を穂状につける。

ドクダミ（蕺草）

ドクダミ科
ドクダミ属
花期：6～7月

本州から沖縄に分布する多年草。湿った半日陰に群生する。草全体に独特の臭気がある。高さ15～35㎝。葉は心形。花のように白いのは花弁でなく総《そう》苞《ほう》片《へん》。中央にあるのが花で、花色は淡黄色。

センニンソウ（仙人草）

キンポウゲ科
センニンソウ属
花期：8～9月

北海道の南部から沖縄に分布するつる性半低木。人里、田畑、山地などの日当たりのよいところに生える。葉は羽状複葉で、小葉は5枚。花径2～3㎝の白花を多数つける。

ボタンヅル（牡丹蔓）

キンポウゲ科
センニンソウ属
花期：8～9月

本州から九州に分布するつる性半低木。日当たりのよい林縁などに生える。葉は1回3出複葉。小葉は長さ3.5～7㎝の卵形で、先がとがる。今年伸びた枝の葉のつけ根に、花径1.5～2㎝の白花を多数つける。

コウホネ（河骨）

スイレン科
コウホネ属
花期：6～9月

北海道の西南部から九州に分布する水草。池や沼、小川に生える。葉は長さ20～30㎝の長卵形で、水の上に出る。初夏から初秋にかけて、花柄の先に径4～5㎝の黄花を1個、上向きにつける。

ベニコウホネ（紅河骨）

スイレン科
コウホネ属
花期：6～9月

コウホネの変異種で、はじめコウホネと同じように黄色い花をつけるが、開花後、花が紅色に変色していく。

ハンゲショウ（半夏生）

ドクダミ科
ハンゲショウ属
花期：6～8月

本州から沖縄に分布する多年草。人里や田畑、草原、水辺に生える。高さ50～100㎝。葉は互《こ》生《せい》し、長さ5～15㎝のやや細長い卵形。夏に葉が白くなり、長さ10～15㎝の白い花穂をつける。

タケニグサ（竹似草）

ケシ科
タケニグサ属
花期：7～8月

本州から九州に分布する大型の多年草。荒れ地や丘陵の日当りのよいところに生える。高さ100～200㎝。葉は互生。広卵形で羽状に裂け、裏面は粉で白く見える。夏に白い小花を大きな円錐状につける。

クララ（眩草）

マメ科　クララ属　花期：6～7月

本州から九州に分布する多年草。日当たりのよい山野の草原や河原などに生える。高さ80～150㎝。葉は互生で、奇数羽状複葉。小葉は長楕円形。夏に茎の先に、淡黄色の蝶形花を多数つける。

モウセンゴケ（毛氈苔）

モウセンゴケ科
モウセンゴケ属
花期：6～9月

本州の宮城県以南から沖縄に分布する食虫植物。人里から低山の日当たりのよい湿地に生える。高さ5～15㎝。葉にある腺毛から粘液を出して小さな虫を捕らえる。花は白い小花で、花茎の先に数個つける。

エゾノクサイチゴ（蝦夷の草苺）

バラ科　オランダイチゴ属→キジムシロ属　花期：5～6月

北海道東南部から千島に分布する多年草。本州の宮城県から中部地方に分布するシロバナノヘビイチゴ（92ページ）に似ているが、より多毛で、花柄にも毛があり区別できる。

コマツナギ（駒繋）

マメ科
コマツナギ属
花期：7～9月

本州から九州に分布する小低木。人里、田畑、野原などに生える。高さ約90㎝。葉は奇数羽状複葉。小葉は長さ0.8～1.5㎝の長楕円形で7～13枚。淡紅紫色で、長さ0.4～0.5㎝の花を葉のわきにつける。

シロバナシナガワハギ（白花品川萩）

マメ科
シナガワハギ属
花期：7～12月

中央アジア原産の二年草。帰化植物。日本全土に広がり、人里や海岸などに生える。高さ20～150cm。葉は3小葉。小葉は長さ1.5～3cmの長楕円形。枝の先や葉のつけ根に総状に白色の蝶形花をつける。

クサフジ（草藤）

マメ科
ソラマメ科
花期：5～9月

北海道、本州、九州に分布するつる性多年草。日当たりのよい草地に生える。茎の長さ約150cm。葉は複葉で小葉は18～24枚。春から秋にかけて、青紫色の蝶形花を総状につける。花の長さ1～1.2cm。

ムラサキカタバミ（紫酢漿草）

カタバミ科
カタバミ属
花期：6～7月

南アメリカ原産の多年草。帰化植物。江戸時代に渡来して、関東地方以西で野生化。高さ30cm内外。小葉は心形。葉より高く伸び出た花茎の先端に、淡紅紫色の花をつける。（写真右下）同じ仲間のイモカタバミ。

ゲンノショウコ（現の証拠）

フウロソウ科
フウロソウ属
花期：7～10月

北海道から奄美に分布する多年草。人里、田畑、山地などに生える。高さ30～50cm。葉は掌状《しょうじょう》に切れ込む。花は径1～1.5cm。西日本では紅紫色、東日本では白花が多い。

ヤブカラシ（藪枯らし）

ブドウ科
ヤブカラシ属
花期：6～8月

日本全土に分布するつる性多年草。人里近くのやぶや林縁に生える。葉は複葉で5小葉からなる。頂小葉は長さ4～8cmの狭卵形。夏に径約0.5cmの淡紅色の花を、集散形に多数つける。

シュウカイドウ（秋海棠）

シュウカイドウ科
シュウカイドウ属
花期：8～9月

中国原産の多年草。帰化植物。高さ40～60cm。葉は左右非対称の扁心形で、長さ約20cm。夏から秋に花茎を伸ばし、淡紅色の花を下垂する。はじめ雄花が咲き、続いて雌花が咲く。

カラスウリ（烏瓜）

ウリ科
カラスウリ属
花期：8～9月

本州から九州に分布するつる性多年草。葉は心形で表面には短い毛がある。雌《し》雄《ゆう》異《い》株《しゅ》。夏に日没後から白色の5弁花を開く。花の縁がレース状になる。花後、実を赤く熟す。

ミソハギ（禊萩）

ミソハギ科
ミソハギ属
花期：7～8月

北海道から九州に分布する多年草。人里から山野の湿ったところに生える。高さ 50～150cm。葉は対生《たいせい》で、披《ひ》針《しん》形《けい》。夏に茎の上部にある葉のつけ根に、紅紫色の花が3～5個集まってつく。

ヒシ（菱）

ヒシ科→
ミソハギ科
ヒシ属
花期：7～10月

北海道から九州の池や沼に生える、一年生の水草。径3～6cmの三角状菱形の葉が多数水面に浮く。夏に径1cmほどの白花をつける。果実は2本のトゲがある三角形の石《せき》果《か》で、食用となる。

ドクゼリ（毒芹）

セリ科
ドクゼリ属
花期：6～7月

北海道から九州に分布する多年草。湿原や河原に生える。高さ約100cm。地下にタケノコ形の根茎がある。葉は2～3回羽状複葉。小葉は長さ3～8cmの細い披針形。白色の小花が球形に固まって咲く。猛毒をもつ。

アサザ（浅沙）

リンドウ科
アサザ属
花期：6～8月

本州から九州の池や沼に生える多年生の水草。葉に長い葉柄があり、葉は水面に浮かぶ。葉は径5～10cmの円形で、基部は心形。葉裏は褐紫色。夏に葉のつけ根から花茎を伸ばして黄花を開く。

ヘクソカズラ（屁糞蔓）

別名：ヤイトバナ
アカネ科
ヘクソカズラ属
花期：8～9月

日本全土に分布するつる性多年草。葉は対生し、長さ4～10㎝の卵形。花は長さ約1㎝の漏《ろう》斗《と》形《けい》。花の外側が白色で、中心部と筒の内部は紅紫色。花後に黄褐色の実を熟す。

クシロハナシノブ（釧路花忍）

ハナシノブ科
ハナシノブ属
花期：6～7月

北海道の東部にある湿地に生える多年草。高さ40～80㎝。葉は羽状複葉。花は青紫色で、5つに深く裂けたものが、花茎の先にまとまってつく。カラフトハナシノブの湿原形。

カワラマツバ（河原松葉）

アカネ科
ヤエムグラ属
花期：7～8月

北海道から九州に分布する多年草。日当たりのよい低山、河原などに生える。高さ30～80㎝。葉は長さ2～3㎝の線形で、8～10枚輪生状につく。花は白色で、花の先端が4つに裂ける。

キバナカワラマツバ

（黄花河原松葉）

アカネ科
ヤエムグラ属
花期：7～8月

北海道から九州に分布する多年草。日当たりのよい低山、河原などに生える。高さ30～80㎝。葉は長さ2～3㎝の線形で、8～10枚輪生状につく。花は径0.2㎝の黄花で、先端が4つに裂ける。

マメアサガオ（豆朝顔）

ヒルガオ科
サツマイモ属
花期：7～10月

アメリカ原産のつる性一年草。帰化植物。茎の長さ150～200㎝。葉は互《ご》生《せい》。卵円形で先がとがる。夏から秋に、葉のつけ根に花径約1.5㎝の花をつける。花は白色で漏斗形。

ヒルガオ（昼顔）

ヒルガオ科
ヒルガオ属→
セイヨウヒルガオ属
花期：7～8月

北海道から九州に分布するつる性多年草。アサガオと異なり、日中に花を開く。葉はほこ形または矢じり形で、長さ5～10㎝。長さ5～6㎝の漏斗形の花をつける。花色は淡紅色。

トウバナ（塔花）

シソ科
トウバナ属
花期：5～8月

本州から沖縄に分布する多年草。田の畦、やや湿った道ばたなどに生える。高さ10～30㎝。葉は対生《たいせい》し、長さ1～3㎝の広卵形で、浅い鋸歯《きょし》がある。淡紅紫色の唇《しん》形花《けいか》が茎の上部でつぎつぎと咲く。

ビロードモウズイカ（天鵞絨毛蕊花）

ゴマノハグサ科
モウズイカ属
花期：8～9月

ヨーロッパ原産の二年草。帰化植物。各地で見られるが、とくに北海道に多く帰化している。高さ100～200㎝。葉は長さ30㎝ほどの倒披針形《とうひしんけい》。花は径1.5～2㎝の黄色で、茎の先に総状にたくさん咲く。

ケチョウセンアサガオ

（毛朝鮮朝顔）
ナス科
チョウセンアサガオ属
花期:8～9月

熱帯アメリカ原産の多年草。帰化植物。栽培されていたものが野生化した。高さ100～200㎝以上。葉は不整な卵形。茎と葉の表面に軟毛がある。漏斗形《ろうとけい》の白い花が直立して開く。花の長さ7㎝。

ヨウシュチョウセンアサガオ

（洋種朝鮮朝顔）
ナス科
チョウセンアサガオ属
花期:8～9月

熱帯アメリカ原産の一年草。帰化植物。明治年間に渡来し、栽培されたものが野生化した。高さ100㎝以上。葉は長さ8～15㎝。夏に漏斗形の白い花をつける。

アゼムシロ（畦筵）

別名：ミゾカクシ
キキョウ科
ミゾカクシ属
花期：6～10月

北海道から沖縄に分布する多年草。水田の畦や溝に生える。高さ10～15㎝。葉は互生《ごせい》。花は径1㎝。上唇は2つに、下唇は3つに深く裂ける。花色は白色で、紅紫色を帯びる。

キキョウソウ（桔梗草）

キキョウ科
ホタルブクロ属
花期：6月

北アメリカ原産の一年草。帰化植物。平地の空き地などに生える。高さ30～80㎝。葉は互生。円形または卵形で、浅い鋸歯がある。上部にある葉のわきに、紫色の花をつける。花径は1.5～1.8㎝。

イヌホオズキ（犬酸漿）

ナス科
ナス属
花期：8〜10月

北海道から沖縄に分布する一年草。道ばたや畑、空き地などに生える。高さ20〜60㎝。葉は互生で、長さ3〜10㎝の広卵形。茎の途中に径0.6〜0.7㎝の白い小花を4〜8個つける。花後、球形の実を黒熟する。

ワルナスビ（悪茄子）

ナス科
ナス属
花期：6〜10月

北アメリカ原産の多年草。帰化植物。各地の畑や荒れ地などで野生化している。高さ40〜70㎝。茎や葉に鋭いとげが生えている。葉は長楕円形で、羽状に浅く裂ける。花は径2㎝ほどの白色から淡紫色。

ヒヨドリジョウゴ（鵯上戸）

ナス科
ナス属
花期：8〜9月

日本全土に分布するつる性多年草。人里や野原、丘陵に生える。葉柄で他物に絡まる。葉は長さ3〜10㎝の卵形で、下部の葉は1〜2深く裂ける。花径1㎝ほどの白花をつけ、花後、球形の実を赤熟する。

オオアワダチソウ（大泡立草）

キク科
アキノキリンソウ属
花期：7〜9月

北アメリカ原産の多年草。帰化植物。明治ごろに栽培されていたものが、全国で野生化した。高さ50〜150㎝。葉は互生で、披針形。夏から秋に、茎の先端に黄色の小花が集まって咲く。

オグルマ（小車）

キク科
オグルマ属
花期：7〜10月

北海道から九州に分布する多年草。山地の草原や川岸などに生える。高さ20〜60㎝。茎葉は長さ5〜10㎝で、基部が茎を抱く。茎の先につく花は径3〜4㎝。花色は黄色。

アラゲハンゴンソウ

（粗毛反魂草）
キク科
オオハンゴンソウ属
花期:6～10月
北アメリカ原産の多年草。帰化植物。全国に帰化しているが、原野や牧場で多く見られる。高さ40～70cm。葉は互生《ごせい》で、広披《こうひ》針形《しんけい》。花は径5～7cm。舌状花は橙黄色、筒状花は紫黒色。

タカサブロウ （高三郎）

キク科
タカサブロウ属
花期：7～9月
本州から沖縄に分布する一年草。湿りけのある道ばたや水田などに生える。高さ20～70cm。葉は対生《たいせい》で、長さ3～10cmの披針形。夏に咲く花は径約1cm。白い舌状花が内側と外側に2列に並ぶ。

チチコグサ （父子草）

キク科
ハハコグサ属
花期：5～10月
北海道から沖縄に分布する多年草。人里や田畑、山地などに生える。高さ8～25cm。葉は長さ2.5～10cmの線形。裏には綿毛がある。春から秋に花茎を出して、褐色の花を密につける。

オオハンゴンソウ （大反魂草）

キク科
オオハンゴンソウ属
花期：7～9月
北アメリカ原産の多年草。帰化植物。北海道や本州などで野生化している。高さ100～300cm。葉は互生し、羽状に5～7つに裂け、ハンゴンソに似る。花は径6～7cmの黄花で、舌状花は10～14個。

セイヨウノコギリソウ （西洋鋸草）

キク科
ノコギリソウ属
花期：6～9月
ヨーロッパ原産の多年草。帰化植物。日本全土の人里、山地、草原などで野生化している。高さ30～100cm。葉は2～3回羽状に深く裂け、裂片がさらに細かく切れ込む。花は白色。花径0.3～0.5cm。

ヒメジョオン （姫女苑）

キク科
ヒメジョオン属
花期：6～10月
北アメリカ原産の一～二年草。帰化植物。明治のはじめに渡来し、全国の荒れ地などで見られる。高さ30～150cm。茎につく葉は倒披針形《とうひしんけい》。茎の先につく花は白色または淡紫色。花径は約2cm。

ヒレアザミ（鰭薊）

キク科
ヒレアザミ属
花期：5〜7月

本州から九州に分布する二年草。野原や道ばた、荒れ地などに生える。高さ約100cm。全体にとげの多い翼に覆われている。春から夏に茎の先につく花は、径1.5〜2cm。花色は紅紫色。

カワラハハコ（河原母子）

キク科
ヤマハハコ属
花期：8〜10月

北海道から九州に分布する多年草。山地の草原や河原などに生える。高さ30〜60cm。葉は互生。長さ3〜6cmの線形で白毛が密生する。花びらのように見えるのは苞《ほう》で、白くカサカサしている。

コウリンタンポポ（紅輪蒲公英）

キク科
ヤナギタンポポ属
花期：6〜8月

ヨーロッパ原産の多年草。帰化植物。主に北海道に帰化し、道ばたなどに生える。高さ10〜50cm。株元の葉は倒披針形で、地面に張りつく。花は径約2cmの橙赤色で、花茎の先に10個ほどつける。

キバナコウリンタンポポ

（黄花紅輪蒲公英）
キク科
ヤナギタンポポ属
花期6〜8月

コウリンタンポポ同様帰化植物。北海道、本州北部の日当たりのよい草地に生える。コウリンタンポポに似るが、花が黄花であること、株元の葉の先端が鋭くとがる傾向があるので区別できる。

オモダカ（面高）

オモダカ科
オモダカ属
花期：8〜10月

日本全土に分布する多年草。水田や浅い沼に生える。葉は株元から出て、長い柄のあるやじり形で、基部が2つに裂ける。葉の長さは7〜15cm。高さ20〜80cmの茎を出し、上部に白花を輪生する。

ツルボ（蔓穂）

ユリ科→
キジカクシ科
ツルボ属
花期：8〜9月

北海道西南部から沖縄に分布する多年草。日当たりのよい山野に生える。高さ20〜40cm。葉は線形で長さ2〜3cm。葉の間から花茎を出して、その先端に淡紫色の小花を総状にたくさんつける。

ノビル（野蒜）

ユリ科→ネギ科
ネギ属
花期：5～6月

北海道から沖縄に分布する多年草。道ばたや土手、山野などに生える。葉は長さ20～30cmの線形で、断面が三日月状。春から初夏に25～60cmの花茎を出して、淡紅紫色の小花を散形状につける。

オニユリ（鬼百合）

ユリ科
ユリ属
花期：7～8月

北海道から九州に分布する多年草。人里、河原などに生える。高さ100～200cm。葉は披《ひ》針《しん》形《けい》で、互《ご》生《せい》する。茎は紫褐色で細かい斑点がある。花は橙色で、暗紫色の斑点があり、花弁が強く反り返る。

タカサゴユリ（高砂百合）

ユリ科
ユリ属
花期：7～10月

台湾原産の多年草。帰化植物。日本の南部の開けた草地などで野生化している。高さ約150cm。葉は披針形で密につく。テッポウユリに似た、白い漏《ろう》斗《と》状の花を横向きにつける。花の長さ15～20cm。

ツユクサ（露草）

ツユクサ科
ツユクサ属
花期：7～9月

北海道から沖縄に分布する多年草。道ばたや荒れ地などに生える。高さ20～50cm。葉 は互生し、長さ5～7cmで卵状披針形。花は2枚の苞《ほう》葉《よう》にはさまれるように花柄を出し、青色の花を開く。

ノカンゾウ（野萱草）

ユリ科→
ワスレグサ科
ワスレグサ属
花期：7～8月

本州から沖縄に分布する多年草。野原や山麓の草原に生える。高さ50～70cm。葉は長さ40～70cm、幅1.5～2cmの広披針形。花茎を出して、花を10個ほどつける。花は一重の黄赤色で、一日花。

ヤブカンゾウ（藪萱草）

ユリ科→ワスレグサ科　ワスレグサ属　花期：7～8月

北海道から九州に分布する多年草。野原や山麓の草原に生える。高さ60～100cm。葉はノカンゾウより大型。葉の間から花茎を出して、花を数個つける。花は黄赤色の八重咲きで、一日花。

エノコログサ（狗の子草）

イネ科
エノコログサ属
花期：8～11月

日本全土に分布する一年草。日当たりのよい畑地や荒れ地に生える。高さ20～70cm。葉は線状披針形。夏から秋に、茎の頂部に長さ3～8cmになる円柱状で緑色の花穂をつける。（写真左下）キンエノコロ。

カモガヤ（鴨茅）

イネ科
カモガヤ属
花期：7～8月

ヨーロッパ原産の多年草。帰化植物。明治初期に渡来し、牧草などに利用したものが野生化した。高さ100cm前後。葉は灰緑色の線形。長さ10～30cmで円錐状の花穂をつける。

カモジグサ（髢草）

イネ科
カモジグサ属
花期：6～7月

日本全土に分布する多年草。道ばた、平地の草原などに生える。高さ50～90cm。葉は長さ20～30cmの線状披針形。夏にやや紫色を帯びた薄緑色の花穂をつける。花穂の長さ15～25cm。

ジュズダマ（数珠玉）

イネ科
ジュズダマ属
花期：7～10月

熱帯アジア原産の一年草。帰化植物。高さ約100cm。葉は幅の広い線形。花は花茎の先端に丸い雌花がつき、その先から雄花の束が伸びる。雌花が熟すと固くなり、黒色の実（写真右下）になる。

カラスビシャク（烏柄杓）

サトイモ科
ハンゲ属
花期：5～8月

日本全土に分布する多年草。畑などの雑草として、ふつうに見られる。高さ20～40cm。葉は3小葉。緑色の花茎を出して、その先端に、緑色から暗紫色の仏炎《ぶつえん》苞《ほう》をつける。仏炎苞は長さ5～7cm。

ガマ（蒲）

ガマ科
ガマ属
花期：6～8月

北海道から九州の水辺に分布する大型の多年草。高さ150～200cm。葉は長さ100～200cm、幅1～2cmの線形。夏に長さ15～20cmの花穂をつける。黄色の雄花穂は上部に、雌花穂は雄花穂の下部につく。

夏の山野草

山地の花

イブキトラノオ（伊吹虎の尾）

タデ科
イブキトラノオ属
花期：7～9月

北海道から九州に分布する多年草。日当たりのよい山地の草原に生える。高さ50～100cm。葉は卵状長楕円形から披針形《ひしんけい》。夏に茎の先に円柱状の花穂をつけ、白色または淡紅色の小花を密につける。

アカソ（赤麻）

イラクサ科
カラムシ属
花期：7～9月

北海道から九州に分布する多年草。山野の湿ったところに生える。高さ50～80cm。葉は対生《たいせい》し、卵円形の葉の先端が3つに裂ける。茎の上部に赤みを帯びた雌花穂を、下部に淡黄色の雄花穂をつける。

コアカソ（小赤麻）

イラクサ科
カラムシ属
花期：8～10月

本州から九州に分布する多年草。山野の林下に生える。高さ100～200cm。葉は対生し、長さ4～8cmの卵円形で、先が裂けずに尾状にとがる。茎の上部に雌花の穂を、下部に雄花の穂をつける。

クリンユキフデ（九輪雪筆）

タデ科
イブキトラノオ属
花期：5〜7月

本州から九州に分布する多年草。山地の湿ったところに生える。高さ15〜40㎝。葉は卵形で、基部は心形。上部にある葉の基部は茎を抱く。花は茎の先と葉のつけ根につき、長さ1〜3㎝の花穂になる。

エゾカワラナデシコ（蝦夷河原撫子）

ナデシコ科
ナデシコ属
花期：6〜9月

北海道と本州中部以北に分布する多年草。山地や北国の草原などに生える。高さ30〜50㎝。葉は対生で、線形または披針形。花は淡紅色の5弁花で、花冠《かかん》の先が糸状に分裂する。苞の数は2対。

ナンバンハコベ（南蛮繁縷）

別名：ツルセンノウ
ナデシコ科
ナンバンハコベ属
→マンテマ属
花期：7〜10月

北海道から九州に分布するつる性多年草。高さ150㎝以上。葉は長さ3〜9㎝の卵形。葉裏の脈の上と縁に毛がある。がくの基部が半球状に膨れる。白花で、花弁の長さ約1.5㎝。

カワラナデシコ（河原撫子）

別名：ナデシコ
ナデシコ科
ナデシコ属
花期：7〜10月

本州から九州に分布する多年草。高さ30〜80㎝。葉は対生で、長さ3〜10㎝の線形または披針形。茎の先に花弁の先が深く切れ込んだ、淡紅紫色の美しい花をつける。苞《ほう》の数は3〜4対。

シナノナデシコ（信濃撫子）

別名：ミヤマナデシコ
ナデシコ科
ナデシコ属
花期：7〜8月

本州の中部地方に分布する二年草。亜高山帯などの河原に生える。高さ20〜45㎝。茎は四角状で、節が膨れる。花冠の先は裂けるが、カワラナデシコのように細かく深裂しない。

サワハコベ（沢繁縷）

ナデシコ科
ハコベ属
花期：5〜7月

本州から九州に分布する多年草。山間の湿地に生える。高さ5〜30㎝。葉は長さ1〜4㎝の卵形または三角状卵形で、表面に毛がある。葉のわきに白花を1個つける。花弁は5枚で、先が2つに裂ける。

センノウの仲間

ナデシコ科

センノウ属→マンテマ属

北半球に約30種分布する多年草。センノウは5弁花で、花径4～6㎝。花色も朱赤色、深紅色、桃赤色など美しい。センジュガンピの花はやや小さくて白い。

1 エンビセンノウ

（燕尾仙翁）

花期：7～8月

高さ3～7.5㎝。ツバメの尾羽のような花がユニーク。北海道の日高地方、本州の埼玉、長野に分布。

2 オグラセンノウ

（小倉仙翁）

花期：6～8月

高さ100㎝前後。花弁の先端が繊細に裂ける。本州の岡山県以西、九州に分布。

3 フシグロセンノウ

（節黒仙翁）

花期：7～10月

高さ50～80㎝。節が太くて黒紫色を帯びる。花色は朱赤色。本州から九州の山地に分布。

4 マツモトセンノウ

（松本仙翁）

花期：6～8月

高さ40～90㎝。花色が鮮やかな深紅色。九州の阿蘇山に分布。

5 センジュガンピ

（千手岩菲）

花期：7～8月

高さ40～100㎝。花弁が白色で、縁が切れ込む。本州中部以北に分布。

1

2

3

4

5

ビランジ

ナデシコ科
マンテマ属
花期：7〜9月

オオビランジの変種。本州の関東から中部地方に分布する多年草。高さ10〜30㎝。葉は対生《たいせい》で披針形《ひしんけい》。花は紅紫色で、花径約3.5㎝。花弁の先端が2つに浅く裂ける。がくは円筒状で腺毛が密生する。

オオビランジ（大ビランジ）

ナデシコ科
マンテマ属
花期：7〜9月

本州中部地方に分布する多年草。山地の崖や林縁などに生える。高さ20〜90㎝。葉は対生で披針形《ひしんけい》。花は径約3.5㎝。5つの花弁が不均等につき、先端が2つに浅く裂ける。がくには毛がない。

エゾイチゲ（蝦夷一華）

別名：ヒロハヒメイチゲ　キンポウゲ科　イチリンソウ属
花期：5〜7月

北海道の林縁や草原に分布する多年草。高さ10〜18㎝。ヒメイチゲよりやや大型。花茎の先につく白花も5〜7弁で、花径1.5〜2㎝と大きい。

ヒメイチゲ（姫一華）

キンポウゲ科
イチリンソウ属
花期：6〜7月

北海道から近畿以東の本州に分布する多年草。亜高山帯の林縁などに生える。高さ5〜15㎝。株元の葉は1回3出複葉。茎につく葉は3枚で輪生する。花径は約1㎝。5弁の白花をつける。

ヤマオダマキ（山苧環）

キンポウゲ科
オダマキ属
花期：6〜8月

本州から九州に分布する多年草。山地の林縁などに生える。高さ30〜70㎝。葉は2回3出複葉。夏に花径3〜3.5㎝の花を下向きにつける。がくは紫褐色、花弁は淡黄色。

キバナノヤマオダマキ

（黄花の山苧環）

キンポウゲ科　オダマキ属　花期：5〜7月

ヤマオダマキの黄花種。本州から九州に分布する多年草。ヤマオダマキに似るが、花弁、がく片が淡黄色になるもの。

カラマツソウ（唐松草）

キンポウゲ科
カラマツソウ属
花期：7～9月

北海道と本州に分布する多年草。山地から高山の草地に生える。高さ50～120㎝。葉は2～4回3出複葉。花径約1㎝。花色は白色またはやや淡紫色を帯びる。雌しべが8～20個と多い。

シギンカラマツ（紫銀唐松）

キンポウゲ科
カラマツソウ属
花期：7～10月

本州の関東南部以西から九州に分布する多年草。山地の林内に生える。高さ30～70㎝。葉は互《ご》生《せい》で、2～3回3出複葉。小葉は卵形から円形。花は径約1㎝の白花で、白く長い雄しべが目立つ。

クサボタン（草牡丹）

キンポウゲ科
センニンソウ属
花期：7～10月

本州の山地の林縁や草原に生える多年草。高さ約100㎝になる。葉は長い柄のある1回3出複葉。小葉は長さ4～13㎝の卵形で、浅く3つに裂ける。淡紫色で筒状の花を多数下向きにつける。

ミヤマカラマツ（深山唐松）

キンポウゲ科
カラマツソウ属
花期：5～8月

北海道から九州に分布する多年草。山地から亜高山の林内に生える。高さ30～80㎝。株元から出る葉は1個で、2～3回3出複葉。茎葉は2～3枚で小型。夏に径約0.8㎝の白い小花を散房状につける。

モミジカラマツ（紅葉唐松）

キンポウゲ科
モミジカラマツ属
花期：7～8月

北海道、本州の中部以北に分布する多年草。高山帯から亜高山帯のやや湿った草原に生える。高さ30～60㎝。葉は10～30㎝の円形で、掌状に7～9つに裂ける。花は径1～1.3㎝の白花で、雄しべが目立つ。

クロバナハンショウヅル（黒花半鐘蔓）

キンポウゲ科
センニンソウ属
花期：7～8月

北海道、千島に分布する多年草。山地の草原や林縁に生える。茎はつる性で黄褐色の毛がある。葉は羽状複葉。小葉は狭卵形から広卵形で2～3つに裂けたものもある。暗紫色の広鐘形の花を下垂する。

エゾノリュウキンカ（蝦夷立金花）

キンポウゲ科
リュウキンカ属
花期：5～6月

北海道、本州の北部に分布する多年草。山地から高山の湿った草原に生える。茎が立ち上がり、高さ50～80cmになる。葉は腎形でつやがある。花は径3～4cm。花色は鮮やかな黄金色。

レンゲショウマ（蓮華升麻）

キンポウゲ科
レンゲショウマ属
花期：7～8月

本州の福島県から奈良県に分布する多年草。落葉樹林下に生える。高さ40～80cm。葉は2～4回3出複葉。小葉は卵形で鋸《きょ》歯《し》がある。径3～3.5cmで淡紫色の、美しい花をまばらにつける。

シラネアオイ（白根葵）

キンポウゲ科
シラネアオイ属
花期：5～7月

北海道、本州の中部以北に分布する多年草。主に日本海側の高山帯や亜高山帯の林床に生える。高さ15～30cm。葉は長さ10～30cmの腎円形。春から夏に、径7cmほどの紫色の花をつける。

クモイイカリソウ（雲居碇草）

メギ科
イカリソウ属
花期：4～5月

群馬県の至仏山、谷川岳などに分布する多年草。花はキバナイカリソウ（37ページ）に似るが、高さ10～30cmと小型。葉は褐色に縁取られる。花色は淡黄色。

サンカヨウ（山荷葉）

メギ科
サンカヨウ属
花期：5～7月

北海道から本州に分布する多年草。山地の樹林下に生える。高さ30～60cm。茎の上部に大きな2枚の葉を対につける。花は径約2cmの白花で、花後に実を青色に熟す。

トガクシソウ（戸隠草）

別名：トガクシショウマ
メギ科
トガクシソウ属
花期：5～6月

本州中部以北に分布する多年草。落葉広葉樹林の林床などに生える。高さ30～50cm。茎の先に2枚の3出葉がある。春から初夏に、径約2.5cmの淡紫色の花を下向きにつける。

ツヅラフジ（葛藤）

ツヅラフジ科
ツヅラフジ属
花期：7月

本州の関東以西から沖縄に分布する、つる性低木。葉は互生《ごせい》。長さ6～15cmの円形から腎形で、浅く5～7つに裂けるものもある。花は淡緑色の小花で円錐状につく。花後に実が黒色に熟す。

イワオトギリ（岩弟切）

オトギリソウ科
オトギリソウ属
花期：7～8月

本州の東北、関東、中部に分布する多年草。亜高山から高山の草原や岩場に生える。高さ10～30cm。葉は対生《たいせい》し、長さ約4cmの楕円形で、黒い斑点がある。花は5弁の黄花で、花径は約2cm。

オトギリソウ（弟切草）

オトギリソウ科
オトギリソウ属
花期：7～8月

北海道から沖縄に分布する多年草。茎は1本立ちで、高さ30～50cmになる。葉は互生で、長さ3～5cmの広披針形。花は径1.5cmほどの5弁の黄花で、茎の先に数個つける。

トモエソウ（巴草）

オトギリソウ科
オトギリソウ属
花期：7～8月

北海道から九州に分布する多年草。山野の日当たりのよい草地に生える。高さ50～130cm。葉は対生し、長さ4～8cmの披針形《ひしんけい》で、基部が茎を抱く。花は径約5cmの黄花で、5枚の花弁が巴形《ともえがた》になる。

オサバグサ（筬葉草）

ケシ科
オサバグサ属
花期：6～8月

本州の中部以北に分布する多年草。亜高山帯の針葉樹林内に生える。高さ15～25cm。株元から出る葉は長さ6～15cmの倒披針形で、羽状に裂ける。花は白い4弁花で、総状に下向きに咲く。

ヤマガラシ（山芥子）

アブラナ科
ヤマガラシ属
花期：5～8月

北海道から本州中部以北に分布する多年草。深山の渓流沿いに生える。高さ20～60cm。株元から出る葉は、長さ6～12cmで羽状に深く裂ける。茎葉は基部が茎を抱く。花は黄色い十字花で、総状につく。

フジハタザオ（富士旗竿）

アブラナ科
ハタザオ属
花期：5～8月

北海道から九州に分布する多年草。山野の礫地に生える。高さ10～35㎝。株元から出る葉は、長さ2～3㎝のへら状倒披針形。茎につく葉は基部が茎を抱く。花は白花で、短い総状につく。

キリンソウ（黄輪草）

ベンケイソウ科
マンネングサ属
花期：5～7月

北海道から九州に分布する多年草。山地の草原、林縁、海辺などに生える。高さ10～50㎝。葉は肉厚で、長さ2～5㎝の倒卵形。茎の先に径1.3～1.6㎝の黄花を多数つける。

マルバマンネングサ（丸葉万年草）

ベンケイソウ科
マンネングサ属
花期：6～7月

本州から九州に分布する多年草。山地の岩の上や石垣などに生える。高さ8～20㎝。葉は多肉質。長さ0.7～1㎝の倒卵形で対生する。花は径0.7～1㎝の黄花で、花の盛りには花弁が平らに開く。

ヒダカミセバヤ（日高見せばや）

ベンケイソウ科
ムラサキベンケイソウ属
花期：8～9月

北海道の日高、十勝、釧路に分布する多年草。岩場や砂礫地、海岸に生える。高さ10～15㎝。葉は卵円形から楕円形で、肉厚。葉の縁に波状の鋸歯がある。花は紅紫色。花弁は5枚で、披針形。

キレンゲショウマ（黄蓮華升麻）

ユキノシタ科→
アジサイ科
キレンゲショウマ属
花期：7～8月

本州の近畿南部、島根県、四国、九州に分布する多年草。高さ80～120㎝。葉は対生し、長さ10～20㎝の円心形で、浅く掌状に切れ込む。茎の上部にある葉のつけ根に黄花を3個、総状につける。

ギンバイソウ（銀梅草）

ユキノシタ科→
アジサイ科
ギンバイソウ属
花期：7～8月

本州の関東以西から九州に分布する多年草。沢沿いの斜面などやや湿ったところに生える。高さ40～70㎝。葉は対生し、長さ15～2㎝の楕円形または倒卵形。花は径2㎝ほどの白い5弁花。

ヤマアジサイの仲間

ユキノシタ科→アジサイ科
アジサイ属
花期：6～7月

本州の福島県以西、四国、九州に分布する落葉低木。花は枝先に散房形につく。まわりに装飾花を、中央に多数の両性花をつける。

1

2

3

4

1 ヤマアジサイ

（山紫陽花）

高さ100～200cm。花は径4～10cm。装飾花は白または淡青色。北海道から九州に分布。

2 コアジサイ

（小紫陽花）

高さ100cmほどの小低木。装飾花はなく、両性花の花弁が淡青色。本州の関東以西、四国、九州に分布。

3 タマアジサイ

（玉紫陽花）

高さ100～200cm。装飾花は白色。両性花は淡紫色。本州の福島県から岐阜県、伊豆七島に分布。

4 エゾアジサイ

（蝦夷紫陽花）

高さ50～200cm。装飾花は鮮やかな青色。北海道から本州の日本海側、九州に分布。

ズダヤクシュ（喘息薬種）

ユキノシタ科
ズダヤクシュ属
花期：6～8月

北海道、本州の近畿以東に分布する多年草。亜高山帯の林床などに生える。高さ10～40cm。葉は広卵形で浅く5つに裂ける。夏に茎の先に径0.3～0.4cmの白花を総状につける。

ヤグルマソウ（矢車草）

ユキノシタ科
ユキノシタ属
花期：6～7月

北海道南西部から本州に分布する多年草。深山の谷沿いの林床に生える。高さ約100cm。葉は掌状《しょうじょう》複葉。小葉は長さ40cmほどで先が3～5つに裂ける。花は白い小花で、円錐状に密につく。

ショウマの仲間

ユキノシタ科
チダケサシ属

ショウマとは生薬の升《しょう》麻《ま》のことで、本項ではユキノシタ科チダケサシ属の植物を取り上げている。

▶見分け方　小葉の形や花弁の形などに注目するとよい。

1

2

3

4

1 チダケサシ（乳茸刺）

花期：6〜8月

高さ40〜80cm。小葉の先は鈍形からややとがる。花弁はヘラ形。葯《やく》は淡紅紫色。本州、四国、九州に分布。

2 アカショウマ（赤升麻）

花期：7〜8月

高さ40〜100cm。小葉の先は尾状にとがる。花弁はヘラ形。葯は淡黄色。本州の東北南部から近畿に分布。

3 アワモリショウマ（泡盛升麻）

花期：5〜7月

高さ50〜80cm。花弁はさじ型。本州の紀伊半島、四国、九州に分布。

4 トリアシショウマ（鳥足升麻）

花期：6〜8月

高さ40〜100cm。小葉の先は尾状にとがる。北海道、本州中部に分布。

ワタナベソウ（渡辺草）

ユキノシタ科
ヤワタソウ属
花期：7月

四国の愛媛県、高知県、九州に分布する多年草。深山の林下に生える。高さ30〜60cm。株元から出る葉は1枚だけ。葉は径15〜35cmの円形で、掌状に深く切れ込む。夏に花茎の先に淡黄色の花を数個つける。

ユキノシタ（雪の下）

ユキノシタ科
ユキノシタ属
花期：5〜7月

本州から九州に分布する多年草。湿った岩の上などに群生する。高さ20〜50cm。全体に長い白毛がある。葉は腎形で、表に白い斑がある。花は白花で、下側にある2つの花弁が大きい。

シロバナノヘビイチゴ

（白花の蛇苺）
バラ科
オランダイチゴ属
→キジムシロ属
花期：5～7月

宮城県から中部地方、屋久島に分布する多年草。日当たりよい草原などに生える。高さ10～30cm。葉は長い柄をもつ3出複葉。小葉は倒卵形。花は白色の5弁花で、花径1.5～2cm。

ノウゴウイチゴ（能郷苺）

バラ科
オランダイチゴ属
→キジムシロ属
花期：6～7月

北海道、本州に分布する多年草。亜高山から高山の草地に生える。高さ10cmくらい。葉は3出複葉で、小葉の縁に粗い鋸《きょ》歯《し》がある。夏に咲く花は、径1.5～2.5cmの白花。花後に実を赤熟する。

コバノフユイチゴ（小葉の冬苺）

別名：マルバフユイチゴ　バラ科
キイチゴ属
花期：5～7月

北海道から九州に分布する落葉低木。山地の薄暗い林下で茎を這わせる。葉は円心形で細かい鋸歯があり、葉の中央に紫褐色の斑があるものが多い。花は白花で、花後に実を赤熟する。

コガネイチゴ（黄金苺）

バラ科
キイチゴ属
花期：6～7月

北海道、本州中部に分布する落葉低木。亜高山から高山の林下に生える。茎は針金状で地上を這う。葉は互生で、3小葉。両脇の小葉は2つに裂けるものもある。花は白花で花弁は4～5枚。

イワキンバイ（岩金梅）

バラ科
キジムシロ属
花期：6～7月

北海道から九州に分布する多年草。山地から高山の乾いた岩場などに生える。高さ10～30cm。葉は光沢があって厚く、葉裏には白い毛が密生している。夏に径1cmほどの黄花をつける。

ヒメヘビイチゴ（姫蛇苺）

バラ科
キジムシロ属
花期：6～8月

北海道から九州に分布する多年草。山地や田畑のやや湿ったところに生える。茎はつる状になる。葉は3出複葉。小葉は長さ1～3cmの倒卵形。夏に径0.7cmの黄花をつける。花後、イチゴに似た実をつける。

クロバナロウゲ（黒花狼牙）

バラ科
キジムシロ属
花期：7～8月

北海道、本州の東北、北関東に分布する多年草。山地から高山帯の湿地に生える。高さ15～20cm。葉は奇数羽状複葉で、3～7枚つく小葉は広線形から長楕円形。花は径2～5cmで、花色は紫黒色。

オニシモツケソウ（鬼下野草）

バラ科
シモツケソウ属
花期：7～8月

北海道、本州の中部以北に分布する多年草。深山の谷間など湿ったところに生える。高さ100～200cm。葉は羽状複葉で、頂部にある小葉は幅15～25cmと大きく、掌状に裂ける。花は白または淡紅色。

ダイコンソウ（大根草）

バラ科
ダイコンソウ属
花期：7～8月

北海道南部から九州に分布する多年草。山地の林床などに生える。高さ25～60cm。全体に軟毛を密生する。株元の葉は長さ10～20cmの羽状複葉。茎葉は3つに裂ける。夏に径1.5cmほどの黄花をつける。

キンミズヒキ（金水引）

バラ科
キンミズヒキ属
花期：8～9月

北海道から九州に分布する多年草。山地や低地などに生える。高さ30～80cm。葉は奇数羽状複葉で互生《ごせい》する。春から秋に細い花穂を出して、黄色い小花をつける。

シモツケソウ（下野草）

バラ科
シモツケソウ属
花期：7～8月

本州の関東以西から九州の太平洋側に分布する多年草。山地の草地などに生える。高さ30～80cm。葉は互生。羽状複葉で、頂きにある小葉は掌状《しょうじょう》。径0.4～0.5cmの紅色の小花を集め、散房状に咲く。

オオダイコンソウ（大大根草）

バラ科
ダイコンソウ属
花期：7～8月

ダイコンソウに似るが、大型で、長い毛がある。北海道から本州の中部以北に分布する多年草。高さ60～100cm。葉は大型で鋭い鋸歯がある。花は径1.5～2cmとやや大きい。花色は黄色。

タカネバラ（高嶺薔薇）

別名：タカネイバラ
バラ科
バラ属
花期：6～7月

本州中部、四国の山地に生える落葉低木。高さ100～200cm。小葉は7～9枚で、長さ1～3cmの楕円形。枝先に花を1～2個つける。花は径約4cm。花弁は5枚で、花色は紫紅色。

ノイバラ（野薔薇）

バラ科
バラ属
花期：7～8月

日本全土に分布する落葉低木。日本に野生するバラの代表種。高さ100～300cm。葉は7～9小葉で、小葉は長さ2～4cmの長楕円形で、先が鋭くとがる。花は5弁花で、花色は白色か淡紅色。

カライトソウ（唐糸草）

バラ科
ワレモコウ属
花期：8～9月

本州中部の日本海側に分布する多年草。山地の草原に生える。高さ40～80cm。株元の葉は奇数羽状複葉で、小葉は長さ5～9cmの楕円形。夏に紅紫色の花穂を下垂する。

オオタカネバラ（大高嶺薔薇）

別名：オオタカネイバラ
バラ科
バラ属
花期：7～8月

日本の北部の冷涼なところに生える落葉低木。北海道では海岸近くで育つ。タカネイバラより小葉が少なく、5～7枚。紫紅色の花は、ふつう枝先に1個つく。

ヤマブキショウマ（山吹升麻）

バラ科
ヤマブキショウマ属
花期：6～8月

北海道から九州に分布する多年草。山地の岩場や荒れた草地に生える。高さ30～80cm。葉は2回3出複葉で、小葉は長さ3～10cmの卵形。夏に白い小花が群がり咲き、円錐状の花穂になる。

シャジクソウ（車軸草）

マメ科
シャジクソウ属
花期6～8月

北海道、本州の長野県、群馬県、宮城県に分布する多年草。山地の草原や海岸の岩場に生える。高さ15～50cm。葉は5小葉。茎の上方にある葉のつけ根から花茎を出して、紅紫色の花を数個つける。

クズ（葛）

マメ科
クズ属
花期：8～9月

北海道から九州、奄美に分布するつる植物。山野などに生え、他物を覆って伸びる。茎の長さは10m。葉は3小葉で、真ん中の葉は、ときに3つに裂ける。花は紅紫色の蝶形花で、穂状に密につける。

エビラフジ（箙藤）

マメ科　ソラマメ属　花期：6～9月

本州の山形県から京都府の日本海側に分布する多年草。山地の林中に生える。高さ80～100cm。葉は羽状複葉。小葉は狭卵形から卵形で先がとがる。紅紫色で長さ1.2～1.5cmの花を総状につける。

オオバタンキリマメ（大葉痰切豆）

別名：トキリマメ
マメ科
タンキリマメ属
花期：7～9月

本州の宮城県以西、九州に分布するつる性多年草。茎は細く毛が密に生える。葉は3小葉で、長さ3～5cmの卵形。夏から秋にかけて、葉のつけ根に淡黄色の花をつける。花後に豆果を赤く熟す。

ムラサキモメンヅル（紫木綿蔓）

マメ科
オヤマノエンドウ属
花期：7～8月

北海道南西部から本州の中部と岩手県に分布する多年草。山地の岩礫地に生える。高さ10～40cm。葉は奇数羽状複葉で、楕円形の小葉が8～10対ある。花は紅紫色の蝶形花で、密集して咲く。

ナンテンハギ（南天萩）

マメ科
ソラマメ属
花期：6～10月

北海道から九州に分布する多年草。葉がナンテンに、花がハギに似ることから名づけられた。高さ50～100cm。小葉は長さ4～7cmの卵形。花は青紫色の蝶形花で、長さ1.2～1.8cm。

ヤマハギ（山萩）

マメ科
ハギ属
花期：7～9月

北海道から九州に分布する低木。日当たりのよい山地に生える。高さ150～200cm。葉は3小葉で、披《ひ》針《しん》形《けい》。葉裏に短毛がある。花は明るい紅紫色で、長さ1～1.3cm。花は葉より長く伸びる。

イタチササゲ（鼬ささげ）

マメ科
レンリソウ属
花期：7〜8月

北海道、本州、九州に分布する多年草。山地の草原や林縁に生える。高さ60〜200cm。小葉は4〜8枚。楕円形から卵形で、葉裏は白緑色。長さ1.5〜1.8cmの花が総状につく。花色は黄色のち褐色にかわる。

オゼタイゲキ（尾瀬大戟）

トウダイグサ科
トウダイグサ属
花期：6〜7月

本州の尾瀬に分布する多年草。草原に生える。茎は直立し、高さ40〜50cmになる。葉は細めの楕円形。夏に茎の先に花をつける。花のまわりの苞葉が黄色くなり、花のように見える。

ハガクレツリフネ（葉隠釣船）

ツリフネソウ科
ツリフネソウ属
花期：7〜10月

本州の紀伊半島、四国、九州に分布する一年草。渓谷や森林の湿ったところに生える。高さ30〜80cm。葉は広披針形《こうひしんけい》で互生。茎の先につく花は紅紫色。花の後部に距があり、先端が巻く。

コミヤマカタバミ（小深山傍食）

カタバミ科
カタバミ属
花期：7〜8月

北海道から九州に分布する多年草。亜高山帯の針葉樹林下や林縁によく生える。葉は倒心形。葉の裏面、ときに表面にも軟毛が生える。花茎は高さ5〜15cm。花は白色で、径2〜3cmと小さい。

キツリフネ（黄釣船）

ツリフネソウ科
ツリフネソウ属
花期：7〜9月

北海道から九州に分布する一年草。山中の湿地に生える。高さ40〜80cm。長さ4〜8cmの長楕円形の葉を互生《ごせい》する。葉のつけ根に3〜5個の黄花をつける。距《きょ》はハガクレツリフネのように巻かない。

エンシュウツリフネソウ（遠州釣船草）

ツリフネソウ科
ツリフネソウ属
花期：8〜9月

本州中部に分布する一年草。山地の林縁に生える。高さ30〜80cm。葉は互生。長さ4〜13cmの菱状楕円形で鋸歯《きょし》がある。花は長さ1.5〜2cm。ツリフネソウ（173ページ）に比べ、紫色の斑点が少ない。

フウロソウの仲間

フウロソウ科

フウロソウ属

フウロソウの仲間は、世界の温帯に約250種分布している多年草。日本には帰化植物も含めて13種ほどが自生している。薬草としてよく知られるゲンノショウコ（夏の野の花：73ページ）もこの仲間。山地から亜高山帯に生えるものとしては、以下のものがある。

1 アサマフウロ

（浅間風露）

花期：8～9月

高さ60～80㎝。花径3～4㎝の濃紅紫色。本州の中部地方に分布。

2 グンナイフウロ

（郡内風露）

花期：6～8月

高さ30～50㎝。花径2.5～3㎝の青紫色。北海道西部と本州の磐梯山から伊吹山に分布。

3 シコクフウロ

（四国風露）

別名：イヨフウロ

花期：7～9月

高さ30から70㎝。花径2.5～3㎝の淡紅紫色。本州の東海以西から九州に分布。

4 タチフウロ

（立風露）

花期：7～9月

高さ60～80㎝。花径約3㎝の淡紅紫色。本州の中部以北、四国、九州に分布。

5 ハクサンフウロ

（白山風露）

花期：7～8月

高さ30～80㎝。花径2.5～3㎝の紅紫色。本州の中部以北に分布。

1

2

3

4

5

6 ヒメフウロ （姫風露）

花期：5～8月

高さ20～60㎝。花径約1.5㎝の淡紅色。本州の滋賀県、岐阜県、三重県、四国の剣山に分布。

6

スミレの仲間

スミレ科
スミレ属

春咲きのスミレ（45～47ページ）に比べると、夏に山地で咲くスミレの種類は、極端に少なくなる。主なものに下記のものがある。多年草。

❶ フギレオオバキスミレ

（斑切大葉黄菫）

花期：6～7月

北海道の西部に分布。オオバキスミレの変種で、葉に不規則な切れ込みがあるところが異なる。

❷ オオバキスミレ

（大葉黄菫）

花期：6～7月

北海道と本州の近畿以東の日本海側に分布。高さ15～30㎝。茎の上部に先がとがった卵形の葉を3～4枚つける。黄花をつける。

❸ キバナノコマノツメ

（黄花の駒の爪）

花期：6～8月

北海道、本州中部以北、四国、屋久島に分布。湿った草地などに生える。高さ5～20㎝。葉は薄く、長さ1～2㎝の腎心形。夏に黄花をつける。

1

2

3

スズメウリ（雀瓜）

ウリ科
スズメウリ属
花期：8～9月

本州から九州に分布する一年生のつる草。山野に生えて、巻きひげで他物に絡む。葉は三角状卵心形で巻きひげと対生《たいせい》する。花は葉のわきにつく。径0.6～0.7㎝の小花で、花色は白色。

アカバナ（赤花）

アカバナ科
アカバナ属
花期：7～9月

北海道から九州に分布する多年草。湿地に生える。高さ15～90㎝。茎は円柱形で曲がった毛がある。葉は披針形《ひしんけい》から線形で、先がとがる。花は径1㎝未満と小さく、花弁の先が浅く2つに裂ける。

ヤナギラン （柳蘭）

アカバナ科
ヤナギラン属
花期：6〜8月

北海道と本州の中部以北に分布する多年草。高原の草地に生える。高さ1〜1.5m。茎は枝分かれせずに直立し、披針形の葉を互《ご》生《せい》する。葉の裏面は粉白色を帯びる。夏に紅紫色の花が群がり咲く。

ウド （独活）

ウコギ科
タラノキ属
花期：8〜9月

北海道から九州に分布する大型の多年草。高さ100〜150cmになり、太い茎は短毛に覆われる。大きな2回羽状複葉が互生し、水平に広がる。夏に淡緑色の小花をつける。若芽は山菜として親しまれている。

トウキ （当帰）

別名：ニホントウキ
セリ科
シシウド属
花期：6〜8月

本州の中部以北に分布する多年草。山地に自生するほか、漢方薬として栽培される。高さ20〜80cm。葉は2〜3回羽状複葉。夏に白い小花を傘状に多数つける。

スズサイコ （鈴柴胡）

ガガイモ科→
キョウチクトウ科
カモメヅル属
花期：7〜8月

北海道から九州に分布する多年草。高さ40〜100cm。日当たりのよい草地に生える。葉は長披針形から線状長楕円形。がく片が三角状披針形の花をつける。花色は黄褐色。

オオカサモチ （大傘持）

セリ科
オオカサモチ属
花期：7〜8月

北海道、本州の中部以北に分布する大型の多年草。山地の草原に生える。茎は中空で太く、高さ150〜200cm。葉は2〜3回羽状に裂け、裂片は披針形。夏に径0.5cmの白花を複散形につける。

ヤブジラミ （藪虱）

セリ科
ヤブジラミ属
花期：5〜7月

日本全土に分布する二年草。山地や野原、道ばたに生える。高さ30〜70cm。葉は2〜3回羽状複葉。小葉は卵状倒卵形で細かく切れ込む。春から夏に純白の小花を、複散形に多数つける。

イチヤクソウ（一薬草）

イチヤクソウ科→ツツジ科
イチヤクソウ属
花期：6～7月

北海道から九州に分布する常緑の多年草。高さ15～25cm。葉は長い柄がある、長さ3～6cmの円形または広楕円形。夏に花茎を出して、その上部に径約1.3cmで白色の花を2～10個つける。

ベニバナイチヤクソウ（紅花一薬草）

イチヤクソウ科→ツツジ科
イチヤクソウ属
花期：6～8月

北海道と本州の中部以北に分布する常緑の多年草。山地の林中に生える。高さ15～25cm。葉は、長い柄のある、長さ3～4.5cmの広楕円形。花径約1.3cmの紅花が、花茎の上部に総状につく。

ウメガサソウ（梅笠草）

イチヤクソウ科→ツツジ科
ウメガサソウ属
花期：6～7月

北海道から九州に分布する常緑多年草。山地の乾燥した林床に生える。高さ10～15cm。葉は長楕円形から披針形《ひしんけい》で、互生《ごせい》する。花は径1cmほどの白色で、ふつう1個、まれに2個つける。

シャクジョウソウ（錫杖草）

イチヤクソウ科→ツツジ科
シャクジョウソウ属
花期：6～8月

北海道から九州に分布する多年生の菌根植物。山地のやや暗いところに生える。高さ10～20cm。葉が退化した鱗片葉が互生する。茎の先に、鐘形の花を5～10個下向きにつける。花色は淡黄白色。

イソツツジ（磯躑躅）

ツツジ科　ツツジ属　花期：6～7月

北海道、本州の東北地方に分布する常緑小低木。高さ50～150cm。葉は長さ3～6cmの披針形《ひしんけい》で革質。葉の裏に毛がある。夏に径1cmの白色の花を総状につける。

シラタマノキ（白玉の木）

ツツジ科
シラタマノキ属
花期：6～7月

果実

北海道、本州中部以北に分布する常緑低木。亜高山帯から高山帯の草地や林縁に生える。高さ10～30cm。葉は長さ1～3cmの倒卵状楕円形。夏に壺形の白花をつけ、花後、白色の果実を熟す。

イワツツジ（岩躑躅）

ツツジ科
スノキ属
花期：7月

北海道、本州の東北北部と木曽御岳に分布する落葉小低木。亜高山帯の針葉樹林の林縁などに生える。高さ1～4㎝。広卵形の葉が2～4枚集まって互生する。夏に赤みを帯びた筒状鐘形の花をつける。

スノキ（酢の木）

ツツジ科
スノキ属
花期：5～6月

本州の関東以西、四国に分布する落葉低木。高さ100～200㎝。葉は互生し、長さ2～5㎝の楕円形か長楕円形。白緑色に赤褐色を帯びた花（写真上）を1～4個下向きにつける。花後に球形の実を黒紫色に熟す。

オオバツツジ（大葉躑躅）

ツツジ科
ツツジ属
花期：7～8月

本州の秋田県から石川県、岐阜県、北関東に分布する落葉低木。葉は互生し、長さ5～10㎝の倒卵形。夏にはドウダンツツジのような白色または淡紅色の小さな花をつける。

コメツツジ（米躑躅）

ツツジ科
ツツジ属
花期：6～7月

北海道から九州に分布する落葉低木。山地の岩の上などに生える。高さ100㎝ほど。葉は長さ0.5～2㎝の楕円形。夏に径約1㎝の花をつける。花は筒型で、花冠の先が5つに裂ける。花色は白色または淡紅色。

サラサドウダン（更紗灯台）

ツツジ科
ドウダンツツジ属
花期：5～7月

北海道、本州の近畿以東、四国に分布する落葉低木。山地から亜高山までの林縁などに生える。高さ150～200㎝以上。葉は楕円形で先がとがる。花は壺形で、白地に赤い条《すじ》がはいるのが特徴。

ベニサラサドウダン

（紅更紗灯台）

ツツジ科　ドウダンツツジ属　花期：5～6月

北海道から九州に分布する落葉低木。大きくなると高さ300㎝ぐらいになる。サラサドウダンの変種で、花の色は濃い紅色をしている。

ベニドウダンツツジ

（紅灯台躑躅）
ツツジ科
ドウダンツツジ属
花期：5～6月
本州の関東地方以西、四国、九州に分布する落葉低木。山地の岩の上に生える。高さ200～400cm。枝先の葉のつけ根に、淡紅色または紅色の鐘形の花を数個つける。花冠《かかん》の先が浅く5つに裂ける。

ガクウラジロヨウラク

（萼裏白瓔珞）
ツツジ科
ヨウラクツツジ属
花期:5～7月
北海道、本州の中部以北に分布する落葉低木。やや湿りけのある草原に生える。高さ100～150cm。葉の裏は緑白色。花も壺形で、白っぽい紅紫色。花の長さ1.1～14cmで、先が浅く5つに裂ける。

ホツツジ（穂躑躅）

ツツジ科
ホツツジ属
花期：7～9月
北海道南部、本州、四国、九州に分布する落葉低木。山地の岩場などに生える。高さ100～200cm。葉は長さ約5cmで、先がとがる。複数の花を円錐状につける。花は白色で、花弁が反り返って丸まる。

ヒメシャクナゲ（姫石楠花）

ツツジ科
ヒメシャクナゲ属
花期：6～7月
北海道、本州の中部以北に分布する常緑小低木。高さ10～30cm。葉は互生《ごせい》し、長さ1.5～3.5cmの広線形。花は長さ0.5cmほどの壺形で、数個下向きにつく。花色は淡紅紫色。花冠の先が浅く5つに裂ける。

ウラジロヨウラク（裏白瓔珞）

ツツジ科
ヨウラクツツジ属
花期：5～7月
本州の関東、中部、東北地方に分布する落葉低木。湿った草原や林縁に生える。高さ100～200cm。葉は楕円形で、裏に毛が生えて白っぽく見える。花は長さ1.1～1.4cmの壺形で、花色は白っぽい淡紅色。

ミヤマホツツジ（深山穂躑躅）

ツツジ科
ホツツジ属
花期：7～8月
北海道、本州の中部以北に分布する落葉小低木。林縁や岩場に生える。高さ40～70cm。葉は互生し、長さ1～5cmの倒卵形。花は枝先に総状につく。花弁はやや赤みを帯びた緑白色で、3枚が反り返る。

クサレダマ（草蓮玉）

サクラソウ科
オカトラノオ属
花期：6～8月

北海道から九州に分布する多年草。山地の湿りけある草地に生える。高さ40～80cm。葉は披《ひ》針《しん》形《けい》で、3～4枚が輪生する。茎の先に先が5つに裂けた黄花を円錐状につける。

オカトラノオ（岡虎の尾）

サクラソウ科
オカトラノオ属
花期：6～7月

北海道から九州に分布する多年草。山地などの日当たりに生える。高さ60～120cm。長楕円形の葉が互生する。花は径約1cmで、花色は白。茎の一方に傾いて咲く。花穂の長さ10～20cm。

ヌマトラノオ（沼虎の尾）

サクラソウ科
オカトラノオ属
花期：7～8月

本州、四国、九州に分布する多年草。山野の湿地などに生える。高さ20～50cm。葉は長さ4～8cmの長楕円形で、先が鋭くとがる。直立した茎の先に、白い花を総状に多数つける。花径は0.5～0.6cm。

ヤナギトラノオ（柳虎の尾）

サクラソウ科
オカトラノオ属
花期：7～8月

北海道、本州の中部以北に分布する多年草。山地の湿原に生える。高さ30～60cm。葉は対生し、長さ5～7cmの披針形。葉のわきに円筒形の花穂を出して、小さな黄花を多数つける。

サクラソウモドキ（桜草擬）

サクラソウ科
サクラソウモドキ属
花期：6月

北海道に分布する多年草。山地のやや湿った林床に生える。高さ15～30cm。葉は長い葉柄がある腎円形で、掌状《しょうじょう》に浅く9～13に裂ける。初夏に花茎の先端に、径約1.5cmの紅紫色の花を3～8個つける。

ツマトリソウ（褄取草）

サクラソウ科
ツマトリソウ属
花期：6～7月

北海道から四国に分布する多年草。亜高山帯の林縁や草地に生える。高さ10～20cm。葉は広披針形で、茎の上部にやや輪生状につく。2～3cmの花柄の先に、花径1.5～2cmの白花を開く。

サクラソウの仲間

サクラソウ科
サクラソウ属

サクラソウ属は、北半球の温帯から寒帯にかけて、500〜600種ほど分布している。日本にも14種自生している。山地で夏に開花するものには、下記のものがある。

春のサクラソウ→50ページ

❶ オオサクラソウ
（大桜草）

花期：6〜7月

高さ14〜40㎝。花径1.5〜2㎝。北海道南西部と本州の中部に分布。

❷ ユキワリソウ
（雪割草）

花期：6〜7月

高さ7〜15㎝。花径0.7〜1㎝の淡紅紫色の花をつける。北海道、本州の中部以北、四国、九州に分布。

❸ ユキワリコザクラ
（雪割小桜）

花期：6〜7月

高さ5〜10㎝。高山帯から亜高山帯の礫地の乾いた草原に生える。葉は葉柄をもつ広卵形で、葉裏に白粉がある。花は径1〜1.5㎝で、淡紅色。北海道、本州の中部以北に分布。

❶

❷

❸

オヤマリンドウ（御山竜胆）

リンドウ科
リンドウ属

花期：8〜9月

本州、四国に分布する多年草。亜高山帯の草地などに生える。高さ20〜50㎝。茎を直立し、葉を10〜15対生する。夏に茎の上部にある葉のつけ根に、青紫色の花を数個つける。花はほとんど開かない。

ハナイカリ（花錨）

リンドウ科
ハナイカリ属

花期：8〜9月

北海道から九州に分布する二年草。低山から高山の日当たりのよい草地に生える。高さ20〜60㎝。長さ2〜6㎝の楕円形の葉が対生する。夏に葉のつけ根に黄緑色の錨に似た花をつける。

イワイチョウ（岩公孫樹）

ミツガシワ科
イワイチョウ属
花期：7〜8月

北海道、本州の中部以北に分布する多年草。亜高山帯の湿原によく生える。高さ20〜40cm。株元から出る葉は、長さ3〜10cmの腎形で、光沢がある。夏に花径の先に径約1.2cmの白花を数個つける。

イケマ

ガガイモ科→キョウチクトウ科　カモメヅル属
花期:7〜8月

北海道から九州に分布するつる性多年草。山地の林縁や草地に生える。葉は対生し、卵心形で、先がとがる。夏に葉のわきに長い柄を出し、白色の小花を散形につける。

クサタチバナ（草橘）

ガガイモ科
カモメヅル属
花期：6〜7月

本州の関東以西、四国に分布する多年草。高さ30〜60cm。葉は対生で、長さ5〜15cmの楕円形。花は径約2cm。花冠の先が深く5つに裂けた白花で、茎の先に集中してつく。

ガガイモ

ガガイモ科→
キョウチクトウ科
ガガイモ属
花期：8月

北海道から九州に分布するつる性多年草。地下茎で繁殖する。葉は対生《たいせい》で、長さ5〜10cmの卵状心形。葉のわきから花柄を出し、径約1cmの花を穂状に数花つける。花は淡紫色。内面に毛がある。

フナバラソウ（船腹草）

別名：ロクオンソウ
ガガイモ科
フナバラソウ属
花期：6〜7月

北海道から九州に分布する多年草。山野の草地に生える。高さ40〜80cm。広卵形で長さ6〜10cmの葉が対生する。茎の上部にある葉のわきに、先が5つに裂けた黒紫色の花をつける。

ツルアリドオシ（蔓蟻通し）

アカネ科
ツルアリドオシ属
花期：6〜7月

北海道から九州に分布する常緑の多年草。茎の長さは10〜40cm。地上を這い、節から根を出して長く伸びる。花は径約0.8cmの白花で、2個ずつつく。秋になると球形の果実が赤熟する。

キヌタソウ（砧草）

アカネ科
ヤエムグラ属
花期：7〜8月

本州と四国、中国地方に分布する多年草。山地の林縁や草原に生える。高さ30〜60㎝。卵状倒披針形の葉が、各節に4枚輪生する。茎の上部に円錐状に、径0.3㎝ぐらいの白い小花を多数つける。

クルマムグラ（車葎）

アカネ科
ヤエムグラ属
花期：6〜7月

北海道から九州に分布する多年草。山地の樹林下などに生える。高さ20〜50㎝。葉は長さ1〜3㎝の狭披針形で、各節に6〜8枚輪生する。茎の先に径約2.5㎝の白花を数個つける。

オオバノヨツバムグラ

（大葉の四葉葎）
アカネ科
ヤエムグラ属
花期：6〜7月

北海道、本州、四国に分布する多年草。亜高山帯の針葉樹林下に生える。高さ20〜40㎝。茎は四角形。葉は長さ3〜4㎝の楕円形から長楕円形。茎の先に径約0.3㎝の黄白色の花をつける。

エゾノヨツバムグラ（蝦夷の四葉葎）

アカネ科
ヤエムグラ属
花期：6〜7月

北海道、本州の中部に分布する多年草。山地の針葉樹林下に生える。高さ10〜20㎝。葉は長さ1〜2㎝の楕円形で、4枚輪生状につく。茎の先端に白い小花を10個前後つける。

ハナシノブ（花忍）

ハナシノブ科
ハナシノブ属
花期：6〜8月

九州の山地に生える多年草。高さ70〜100㎝。茎に稜《りょう》があり、直立する。葉は互《ご》生《せい》で、奇数羽状複葉。小葉は長さ2〜3㎝の披針形で先がとがる。花は径約2㎝の青紫色で、茎の先に円錐状に多数つく。

ジュンサイ（蓴菜）

スイレン科→
ハゴロモモ科
ジュンサイ属
花期：5〜8月

日本全土の古い池沼や溝に生える多年生の水草。根茎が泥の中を這う。葉は楕円形で光沢がある。若い茎や葉は粘質物に覆われる。長い柄の先に、暗紅紫色の花を1個つける。

ムラサキ（紫）

ムラサキ科
ムラサキ属
花期：6～7月

北海道から九州に分布する多年草。丘陵の草地に生える。高さ40～70㎝。全体に長い毛がある。葉は互生で、長さ3～7㎝の披《ひ》針《しん》形《けい》。花径0.8㎝ほどの白花で、花《か》冠《かん》の先が5裂して、平らに開く。

クマツヅラ（熊鞭草）

クマツヅラ科
クマツヅラ属
花期：6～9月

本州から沖縄に分布する多年草。山野の道ばたなどに生える。茎は四角形で高さ30～80㎝。葉は長さ3～10㎝の卵形で3つに裂け、裂片は羽状に切れ込む。夏から秋に径約0.4㎝の淡紅紫色の小花をつける。

アキノタムラソウ（秋の田村草）

シソ科
アキギリ属
花期：7～11月

本州から沖縄に分布する多年草。山野の林床や道ばたなどに生える。高さ20～80㎝。小葉の数が3～7枚の奇数羽状複葉。花は長さ1～1.3㎝の唇《しん》形《けい》で、青紫色。長さ10～20㎝の穂状に咲く。

ミソガワソウ（味曽川草）

シソ科　イヌハッカ属　花期：7～8月

北海道、本州、四国に分布する多年草。亜高山帯の草地に生える。高さ50～100㎝。葉は長さ6～14㎝の広卵形または広披針形。夏に茎の上部にある葉のわきに、紫色の唇形花をつける。

イブキジャコウソウ（伊吹麝香草）

シソ科
イブキジャコウソウ属
花期：6～7月

北海道、本州、九州に分布する小低木。山地の日当たりよい岩場に生える。高さ3～15㎝。茎は地面を這って、枝分かれする。葉は長さ0.5～1㎝の卵形または狭卵形。夏に紅紫色の花をつける。

ウツボグサ（靫草）

別名：カコソウ
シソ科
ウツボグサ属
花期：6～8月

北海道から九州に分布する多年草。山地の草地に生える。高さ10～30㎝。葉は披針形で対《たい》生《せい》する。夏に茎の先に、紫色の唇形花を密につける。花穂の長さは3～8㎝。

ジャコウソウ（麝香草）

シソ科
ジャコウソウ属
花期：8～9月

北海道から九州に分布する多年草。山地の湿った谷間などに生える。高さ60～100㎝。枝分かれしない茎が斜上し、長さ10～20㎝の狭倒卵形の葉を互生《ごせい》する。花は長さ4～4.5㎝の唇形《しんけい》で、花色は淡紅色。

オオマルバノホロシ

（大丸葉保呂之）
ナス科
ナス属
花期:8～9月

北海道、本州の中部以北に分布するつる性多年草。山地の湿地に生える。葉は長さ5～8㎝の長楕円形で、先がとがる。花は径1～1.2㎝の紫色で、花冠《かかん》の先が5つに裂け、少し反り返る。

クワガタソウ（鍬形草）

ゴマノハグサ科→
オオバコ科
クワガタソウ属
花期：5～6月

本州の東北地方南部から紀伊半島に分布する多年草。茎が直立して、高さ10～20㎝になる。葉は対生《たいせい》で、長さ3～6㎝の卵形。春から初夏に、径0.8～1.3㎝の淡紅紫色の花をつける。

ムシャリンドウ（武佐竜胆）

シソ科
ムシャリンドウ属
花期：6～7月

北海道と本州の中部以北に分布する多年草。山地の日当たりのよい草地に生える。高さ20～30㎝。葉は長さ2～6㎝の広線形。初夏から夏に、茎の先に長さ3～3.5㎝の青紫色の唇形花を多数つける。

クガイソウ（九階草）

ゴマノハグサ科→オオバコ科　クガイソウ属　花期：7～8月

本州に分布する多年草。山地の日当たりのよい草地に生える。高さ80～130㎝。葉は長さ6～17㎝で、3～8枚輪生して数層になる。茎の先に紫色の花を穂状につける。

ダイセンクワガタ（大山鍬形）

ゴマノハグサ科
→オオバコ科
ルリトラノオ属→
クワガタソウ属
花期：7～8月

鳥取県中部に分布する多年草。草原に生える。高さ約20㎝。葉は対生。長さ3～4㎝の卵形で羽状に切れ込む。花は花弁4枚の青紫色。径約0.8㎝の小花で、多数穂状につく。

シオガマギク（塩竃菊）

ゴマノハグサ科→
ハマウツボ科
シオガマギク属
花期：8～9月

本州中部に分布する多年草。山地の草原に生える。高さ25～35cm。葉は長さ4～9cmの狭卵形。下部で対生し、上部で互生。茎の先にある小苞葉の間に、長さ約2cmの紅紫色の花をつける。

ママコナ（飯子菜）

ゴマノハグサ科→
ハマウツボ科
ママコナ属
花期：7～9月

北海道から九州に分布する多年草。山地の林床に生える。高さ20～50cm。葉は長さ2～8cmの長卵形。枝先に長さ1.4～1.8cmの唇形花を多数つける。花色は紅紫色。

ミゾホオズキ（溝酸漿）

ゴマノハグサ科→
ハエドクソウ科
ミゾホオズキ属
花期：6～8月

北海道から九州に分布する多年草。山地の湿地に生える。高さ10～30cm。葉は長さ1.5～4cmの卵状楕円形。上部にある葉のわきから花柄を出して、黄色い花をつける。花の長さは1～1.5cm。

ルリトラノオ（瑠璃虎の尾）

ゴマノハグサ科
→オオバコ科
ルリトラノオ属→
クワガタソウ属
花期：7～9月

本州の中部と近畿地方に分布する多年草。高さ40～100cm。茎や葉に白い毛が密生し、白っぽく見える。葉は対生で、狭卵形。鮮やかな青紫色の花を長い穂状につける。

シコクママコナ（四国飯子菜）

ゴマノハグサ科→
ハマウツボ科
ママコナ属
花期：8～9月

本州の東海地方から中国地方東部、四国、九州に分布する一年草。林縁や草地に生える。高さ29～50cm。葉は対生で、狭卵形または長楕円状披針形で、先がとがる。花は紅紫色で、黄色い斑が入る。

オオバミゾホオズキ

（大葉溝酸漿）

ゴマノハグサ科→
ハエドクソウ科
ミゾホオズキ属
花期:7～8月

北海道と本州中部以北の日本海側に分布する多年草。亜高山帯の湿地に生える。高さ10～30cm。葉は対生で、長さ2.5～6cmの広卵形。花色は黄色で、長さ2.5～3cmと大きい。

イワギリソウ（岩桐草）

イワタバコ科
イワギリソウ属
花期：5〜6月

本州の近畿以西から九州にかけて分布する多年草。日陰の崖地などに着生する。高さ10〜20cm。葉は長い柄をもつ卵形で、白い軟毛がある。初夏に花茎を立てて、紅紫色の花を数個つける。

イワタバコ（岩煙草）

イワタバコ科
イワタバコ属
花期：6〜8月

本州の福島県以南から九州に分布する多年草。山地の湿りけのある、日陰の岩壁などに着生する。葉は長さ10〜30cmの卵状楕円形で、1〜2枚つく。茎の先に数個つく花は、径1.5cmほど。花色は紅紫色。

シシンラン

イワタバコ科　シシンラン属　花期：7〜8月

本州の伊豆半島、京都府以西、四国、九州に分布する多年草。山地の木の幹や岩上に着生する。葉は長さ2〜7cmの倒披針形《とうひしんけい》。茎の上部にある葉のわきに、長さ約3cmの淡桃色の唇形花《しんけいか》をつける。

リンネソウ（リンネ草）

スイカズラ科
リンネソウ属
花期：7〜8月

北海道と本州の中部以北に分布する常緑小低木。亜高山帯から高山帯のハイマツの下などに生える。高さ5〜7cm。葉は小さな卵形で対生《たいせい》。夏に花茎の先に淡桃色の花を2個、下向きにつける。

ナンバンギセル（南蛮煙管）

ハマウツボ科
ナンバンギセル属
花期：7〜9月

北海道から沖縄に分布する一年生の寄生植物。ススキ、サトウキビなどの根に寄生する。高さ15〜20cmの花柄を出して、その先に淡紫色の花を1個、横向きにつける。花は筒状で、長さ3〜5cm。

オオナンバンギセル（大南蛮煙管）

ハマウツボ科
ナンバンギセル属
花期：7〜9月

北海道から九州に分布する一年生の寄生植物。スゲ類やイネ科植物の根に寄生する。高さ20〜30cmの花柄を出して、その先に淡紫色の花を1個、横向きにつける。花は筒状で、長さ4〜6cm。

ハクサンオミナエシ（白山女郎花）

別名：コキンレイカ
オミナエシ科→スイカズラ科
オミナエシ属
花期：7～8月

本州の東北から北陸に分布する多年草。山地の岩場に生える。高さ20～60cm。葉は長さ幅ともに4～8cm。掌状に3～5に裂ける。夏に茎の先に黄色の小花を集散状につける。

キキョウ（桔梗）

キキョウ科
キキョウ属
花期：7～9月

北海道から九州に分布する多年草。山地の草原に生える。高さ50～100cm。長卵形の葉を互生する。夏から初秋に咲く花は、径4～5cmの鐘形で、花冠の先が5つに裂ける。花色は青紫色。

タニギキョウ（谷桔梗）

キキョウ科
タニギキョウ属
花期：6～8月

北海道から九州に分布する多年草。山地の林床や林縁に生える。茎は地面を這い、上部が立ち上がり、高さ5～15cmになる。卵円形の葉を互生する。葉のわきにつく花は漏斗形《ろうとけい》。花色は白色または淡紫色。

カノコソウ（鹿の子草）

オミナエシ科→スイカズラ科
カノコソウ属
花期：5～7月

北海道から九州に分布する多年草。高さ40～80cm。葉は対生し、羽状に切れ込む。裂片には鈍い鋸歯《きょし》がある。花冠は長さ0.4～0.7cmの筒形で、先が5つに裂ける。花色は白色で紅色を帯びる。

シデシャジン（四手沙参）

キキョウ科
シデシャジン属
花期：7～8月

本州、九州に分布する多年草。山地の林縁に生える。高さ50～100cm。株元にある葉は大形、茎の上部につく葉は線形で互生する。花は細い花弁が5枚あり、反り返る。花色は青紫色。

サイヨウシャジン（細葉沙参）

別名：ナガサキシャジン
キキョウ科
ツリガネニンジン属
花期：8～10月

本州の中国地方から九州に分布する多年草。茎は直立し、高さ40～150cm。葉は卵心形から披針形《ひしんけい》。花冠は長さ0.8～1.1cmの壺形で、先が浅く5つに裂ける。花色は淡紫色。

ソバナ（岨菜）

キキョウ科
ツリガネニンジン属
花期：8〜9月

本州から九州に分布する多年草。山地の斜面に生える。高さ50〜100㎝。葉は互生《ごせい》で、長さ5〜10㎝の卵形または広披針形《こうひしんけい》。花《か》冠《かん》は長さ2〜3㎝の漏斗《ろうと》状鐘形で、下向きに咲く。花色は青紫色。

ホタルブクロ（蛍袋）

キキョウ科
ホタルブクロ属
花期：6〜7月

日本全土に分布する多年草。丘陵や山地に生える。高さ40〜80㎝。株元から生える葉は柄のある卵心形。茎につく葉は長卵形。初夏から夏に、鐘形の花を下向きにつける。花色は淡紅紫色。

ヤツシロソウ（八代草）

キキョウ科
ホタルブクロ属
花期：8〜9月

九州に分布する多年草。高さ30〜100㎝。直立した茎に広披針形の葉を互生する。葉の長さは5〜10㎝。花冠の先が5つに裂けた鐘形の花を密につける。花の長さは約2㎝。花色は青紫色。

ツリガネニンジン（釣鐘人参）

キキョウ科
ツリガネニンジン属
花期：8〜10月

北海道から九州に分布する多年草。山地や草原に生える。高さ40〜100㎝。茎につく葉は卵状楕円形で、ふつう3〜4枚輪生する。花冠は長さ1.5〜2㎝の鐘形。下向きに円錐状に集まって咲く。花色は青紫色。

ヤマホタルブクロ（山蛍袋）

キキョウ科
ホタルブクロ属
花期：6〜8月

本州の東北地方南部から近畿地方東部に分布する多年草。ホタルブクロの変種で、ホタルブクロより深山に生える。高さ30〜60㎝。花色は紅紫色だが、一般に濃い色のものが多い。

サワギキョウ（沢桔梗）

キキョウ科
ミゾカクシ属
花期：8〜9月

北海道から四国に分布する多年草。山野の湿地に生える。高さ50〜100㎝。茎は分枝せず、披針形《ひしんけい》の葉を互生する。茎の上部に長さ約3㎝の唇形《しんけい》花《か》を総状につける。花色は濃紫色。

ミヤマアキノキリンソウ

（深山秋の麒麟草）
キク科
アキノキリンソウ属
花期：7〜9月

北海道と本州の中部以北に分布する多年草。山地の乾燥ぎみの草地に生える。高さ20〜30cm。花は径約1.5cmの黄花で、茎の先に密につく。

ウスユキソウ（薄雪草）

キク科
ウスユキソウ属
花期：7〜8月

本州から九州に分布する多年草。山地のやや乾いたところに生える。高さ25〜50cm。葉は披針形で長さ4〜6cm。白い綿毛が生える。夏に、茎の先に目立たない花をつける。

アザミの仲間

キク科
アザミ属

日本の山野に自生する多年草。主に山地に生えるものとして、下記のものがある。

▶**見分け方**　アザミは種類が多く、見分けるのがむずかしいが、葉の形、花の形、自生地がポイントに。

❶ オニアザミ（鬼薊）

花期：6〜9月
高さ50〜100cm。葉は羽状に裂け、先端は鋭いとげになる。花は径4〜5.5cmで紅紫色。東北から中部地方の日本海側に分布。

❷ ニッコウアザミ（日光薊）

花期：8〜10月
ノハラアザミの変種。高さ40〜150cm。本州の関東に分布。

❸ ノアザミ（野薊）

花期：5〜8月
高さ60〜100cm。葉は長楕円形で浅く羽状に裂け、先端はとげになる。花径4〜5cmで紅紫色。本州から九州に分布。

❹ ウゴアザミ（羽後薊）

花期：7〜8月
高さ30〜100cm。茎につく葉の基部は茎を抱く。本州の東北地方に分布。

❶

❷

❸

❹

カセンソウ（歌仙草）

キク科
オグルマ属
花期：7～9月

北海道から九州に分布する多年草。山地の日当たりのよい草原に生える。高さ60～80cm。葉は互生《ごせい》し、広披針《こうひしん》形《けい》で、基部は茎を抱く。茎の上部で枝分かれし、枝先に径3～4cmの黄色い花をつける。

ミズギク（水菊）

キク科
オグルマ属
花期：6～10月

本州の近畿以東、九州に分布する多年草。山地の日当たりのよいところに生える。高さ25～50cm。葉は互生。広披針形で基部は茎を抱く。枝分かれした茎の先に、径3～4cmの黄花を上向きにつける。

ヤクシソウ（薬師草）

キク科
オニタビラコ属
花期：8～11月

北海道から九州に分布する二年草。山地の日当たりのよいところに生える。高さ30～120cm。葉は互生で、長さ5～10cmの倒卵形。夏から秋に、径約1.5cmの黄色の花を多数つける。

キオン（黄苑）

別名：ヒゴオミナエシ
キク科
キオン属
花期：8～9月

北海道から九州に分布する多年草。山地の草原に生える。高さ50～100cm。広披針形の葉が互生する。夏から初秋に径1.7～2.5cmの黄色の花を多数つける。

コウリンカ（紅輪花）

キク科
キオン属
花期：7～9月

本州に分布する多年草。日当たりのよい山地の草地に生える。高さ50～60cm。株元にある葉はさじ形、茎につく葉は互生で、披針形。茎の先につく花は、径3～4cmで、長い橙色の舌状花がある。

サワギク（沢菊）

別名：ボロギク
キク科
キオン属
花期：6～8月

北海道から九州に分布する多年草。山地の木陰に生える。高さ35～110cm。葉は薄く、羽状に裂ける。初夏から夏に、径約1.2cmの黄色い花を多数つける。

ハンゴンソウ（反魂草）

キク科
キオン属
花期：7～9月

北海道、本州の中部以北に分布する多年草。山地の湿った草原に生える。高さ100～200cm。葉は長さ10～20cmの広披針形で、羽状に深く裂ける。花径約2cmの黄花が散房状に多数集まってつく。

ミヤマオグルマ（深山緒車）

キク科
キオン属
花期：7～8月

北海道の山地草原に生える多年草。高さ17～30cm。株元の葉は長さ6～10cmの長楕円形。茎につく葉は線形。茎の先に花径2～3cmの黄花を3～7個つける。舌状花は長さ0.9～1.2cm。

イワインチン（岩茵蔯）

キク科
キク属
花期：8～9月

本州の中部以北に分布する多年草。亜高山から高山の、日当たりのよい岩場に生える。高さ10～25cm。葉は互生で、羽状に深く裂け、葉裏に羽毛が密生する。夏に径約0.4cmの黄花を密につける。

カニコウモリ（蟹蝙蝠）

キク科
コウモリソウ属
花期：8～9月

本州の近畿以東と四国に分布する多年草。亜高山帯の針葉樹林下などによく生える。高さ60～95cm。葉は腎形で、ふつう3枚ほどを互生する。夏から初秋に、白い小花が茎の先に多数つく。

ミミコウモリ（耳蝙蝠）

キク科
コウモリソウ属
花期：8～9月

北海道、本州の東北地方に分布する多年草。山地の林内や谷間の日陰に生える。高さ60～120cm。葉柄に耳形の翼がつき、葉がコウモリの形に似ている。長さ2cmほどの白花が総状につく。

ハコネギク（箱根菊）

別名：ミヤマコンギク
キク科
シオン属
花期：8～10月

関東中部の深山に生える多年草。茎が群がり立ち、高さ35～65cmになる。葉は長さ4～7cmの卵状長楕円形。夏から秋に、茎の先に白色の花をつける。花径は2～2.5cm。

ニガナの仲間

キク科
ニガナ属

ニガナの仲間は山野や草地などに生える多年草。初夏の山地に自生するものには、下記のものがある。

❶ ニガナ（苦菜）

花期：5〜7月

高さ約30㎝。葉は披《ひ》針《しん》形《けい》で先がとがる。花径約1.7㎝内外。日本全土に分布。

❷ シロバナニガナ（白花苦菜）

花期：5〜7月

高さ40〜70㎝。舌状花は白色で7〜12個。日本全土に分布。

❸ ハナニガナ（花苦菜）

花期：5〜7月

高さ40〜70㎝。葉は基部が茎を抱く。花は舌状花だけで、7〜11個ある。日本全土に分布。

❹ イワニガナ（岩苦菜）

花期：4〜7月

高さ5〜15㎝。葉は卵形。花は径2.5㎝ほどの淡黄色。日本全土に分布。

1

2

3

4

ミヤマアズマギク（深山東菊）

キク科
ムカシヨモギ属
花期：7〜8月

北海道と本州の中部以北に分布する多年草。乾いた草原などに生える。高さ5〜15㎝。株元に出る葉は、長さ1〜4㎝の倒披針形。花は径2.5㎝ほど。舌状花は淡紅紫色、筒状花は黄色。

マルバダケブキ（丸葉岳蕗）

キク科
メタカラコウ属
花期：7〜8月

本州、四国に分布する多年草。深山のやや湿りけのある草地に生える。高さ40〜120㎝。株元の葉は、長さ30㎝の腎形。茎につく葉は2枚。夏に径8㎝ぐらいの大きな黄花を散房状につける。

メタカラコウ（雌宝香）

キク科
メタカラコウ属
花期：6～9月

本州から九州に分布する多年草。主に山地の湿原などに生える。高さ60～100cm。オタカラコウに比べ全体に小振り。葉は長さ24cmほどの三角状心形。花の数もまばらにつく。花色は黄色。

オクモミジハグマ（奥紅葉白熊）

キク科
モミジハグマ属
花期：8～10月

本州の関西以西から九州に分布する多年草。高さ40～80cm。葉は長さ6～16cmの円心形で、掌状《しょうじょう》に裂けたものが、茎の中間に4～7枚集まる。夏から秋に、茎の先に糸状の白い花をつける。

ノコギリソウ（鋸草）

キク科
ノコギリソウ属
花期：7～9月

北海道、本州に分布する多年草。山地の草原に生える。高さ50～100cm。葉は長さ6～10cmの披針状線形で、クシのように細かく裂ける。夏から秋に白い舌状花をもつ花を、茎の先端に多数つける。

オタカラコウ（雄宝香）

キク科
メタカラコウ属
花期：7～10月

福島県以南の本州、四国、九州に分布する多年草。深山の湿地に生える。高さ100～200cm。株元の葉は長さ35cmの腎心形。茎につく葉は3枚。夏から秋に黄花をたくさんつける。

ヤブレガサ（破れ傘）

キク科
ヤブレガサ属
花期：7～10月

本州から九州に分布する多年草。主に丘陵や山地などの木陰に生える。高さ70～120cm。葉は円形で、掌状に深く裂ける。夏から秋に、花径0.8～1cmの花を円錐状につける。写真は若芽。

ウバユリ（姥百合）

ユリ科
ウバユリ属
花期：7～8月

本州の宮城県、石川県以西から九州に分布する多年草。山地の林床に生える。高さ60～100cm。葉は卵状長楕円形で、茎の中部に集まってつく。花は長さ7～10cmの緑白色で、数個つける。

ヤマハハコ（山母子）

キク科
ヤマハハコ属
花期：8～9月

北海道、本州の長野県、石川県以北に分布する多年草。山地の草原に生える。高さ30～70㎝。全体に白い綿毛に覆われる。葉は互生《ごせい》で、長さ6～9㎝の線状披針《ひしん》形《けい》。茎の先に多数の白花をつける。

ヤハズハハコ（矢筈母子）

別名：ヤバネハハコ
キク科
ヤマハハコ属
花期：8～9月

本州の関東以西から九州に分布する多年草。高さ20～35㎝。全体に白毛に覆われて白い。葉は互生し、長さ4～6㎝の倒披針形。夏に白い小花を散房状につける。

ホソバノヤマハハコ

（細葉山母子）
キク科
ヤマハハコ属
花期：8～9月

本州の福井県、愛知県以西から九州に分布する多年草。高さ30㎝内外。ヤマハハコの亜種で、葉がヤマハハコより幅が細い（0.2～0.6㎝の線形）のが特徴。

キンコウカ（金光花）

ユリ科→ノギラン科　キンコウカ属　花期：7～8月

北海道、本州中部以北に分布する多年草。亜高山帯の湿原や湿地に群生する。高さ20～40㎝。葉は長さ10～30㎝の剣状。花は径1.2～1.5㎝の黄花で、円錐状に集まってつく。花びらは線状で平らに開く。

シオデ

ユリ科→シオデ科
シオデ属
花期：7～8月

北海道から九州に分布するつる性多年草。日当たりのよい草原に生える。茎に巻きひげがあり、他物に絡んで伸びる。葉は長さ5～15㎝の卵状楕円形。夏に淡黄緑色の花を球状につける。花後に実を黒熟する。

ジャノヒゲ（蛇の髭）

ユリ科→
キジカクシ科
ジャノヒゲ属
花期：7～8月

北海道西南部から沖縄の山野に分布する多年草。葉は細長い剣状で、長さ10～20㎝。夏に長さ0.4㎝内外の淡紫色または白色の花をつける。花後に濃青色の球形（直径0.6～0.7㎝）の実を結ぶ。

ギボウシの仲間

ユリ科→キジカクシ科
ギボウシ属

ギボウシ属は東アジア特産の多年草で、40種ほどある。日本にもたくさんの種が分布し、山野の沢沿いなど湿ったところに生える。

❶ オオバギボウシ

（大葉擬宝珠）

別名：トウギボウシ
花期：6～8月

高さ50～100cm。花の長さ4～5cm。北海道南西部から九州に分布。

❷ コバギボウシ

（小葉擬宝珠）

花期：7～8月

高さ30～45cm。花の長さ4～5cm。北海道から九州に分布。

❸ イワギボウシ

（岩擬宝珠）

花期：8～9月

高さ約30cm。花の長さ約4cm。関東。東海に分布。

❹ タチギボウシ

（立ち擬宝珠）

花期：7～8月

高さ60～100cm。花は横向きにつく。北海道、本州の中部以北に分布。

❺ ウナズキギボウシ

別名：トサノギボウシ
花期：7～9月

花茎の基部が曲がる。本州の近畿南部と四国に分布。

❶

❷

❸

❹

❺

バイケイソウ（梅蕙草）

ユリ科→
シュロソウ科
シュロソウ属
花期：7～8月

北海道、本州に分布する多年草。山地のやや明るい林床などに生える。高さ60～150cm。葉は長さ20～30cmの広楕円形で、基部は茎を抱く。夏に緑白色の小花を円錐状に多数つける。

コバイケイソウ（小梅蕙草）

ユリ科→
シュロソウ科
シュロソウ属
花期：6～8月

北海道、本州の中部以北に分布する多年草。山地から亜高山帯のやや湿ったところに生える。高さ50～100cm。広楕円形の葉が互生し、基部は茎を抱く。花は径0.8cmの白花で、円錐状に多数つく。

タケシマラン（竹縞蘭）

ユリ科
タケシマラン属
花期：6～7月

本州の中部以北に分布する多年草。山地の林内に生える。高さ20～50cm。葉は互生《ごせい》し、長さ2～3cmの卵状《らんじょう》倒披針形《とうひしんけい》。夏に葉のわきに淡赤褐色の花を下垂させる。花後、球形の実が赤熟する。

オオバタケシマラン（大葉竹縞蘭）

ユリ科
タケシマラン属
花期：6～8月

北海道、本州の中部以北に分布する多年草。深山の林下に生える。高さ50～100cm。葉は長さ6～12cmの心形で、基部は茎を抱く。葉の下に緑白色の花を1個垂れ下げ、花後に卵状球形の実を赤熟する。

イワショウブ（岩菖蒲）

ユリ科→チシマゼキショウ科
チシマゼキショウ属
花期：8～9月

本州に分布する多年草。亜高山帯から高山帯の湿地や湿原に生える。高さ20～40cm。葉は剣状。夏に20～40cmの花茎を伸ばし、上部に黒紫色の葯《やく》をもつ白花が数個つく。

ハナゼキショウ（花石菖）

別名：イワゼキショウ
ユリ科→チシマゼキショウ科
チシマゼキショウ属
花期：7～8月

本州の関東以西から九州に分布する多年草。山地の岩の上に生える。葉は線形で先がとがる。夏に高さ10～30cmの花茎を伸ばして、小さな白花を総状につける。葯は淡紫色。

キヌガサソウ（衣笠草）

ユリ科→
シュロソウ科
ツクバネソウ属
花期：6〜8月

本州の中部以北に分布する多年草。日本海側の亜高山帯に生える。高さ30〜80㎝。葉が8〜10枚輪生する。葉は倒卵状楕円形で、長さ20〜30㎝。夏に茎の先端に、径6㎝ほどの黄白色の花をつける。

ツクバネソウ（衝羽根草）

ユリ科→シュロソウ科　ツクバネソウ属　花期：5〜8月

北海道から九州に分布する多年草。山地の林床などに生える。高さ15〜40㎝。茎の上部に4枚の葉を輪生する。葉は長さ4〜10㎝の広楕円形。葉の中心から花茎を出して、淡黄色の花を1個つける。

ヒメイズイ（姫萎蕤）

ユリ科→
キジカクシ科
ナルコユリ属
花期：6〜7月

北海道、本州の中部以北に分布する多年草。高さ20〜50㎝。茎には稜《りょう》がある。葉は長さ4〜7㎝の長楕円形。花は長さ1.5〜2㎝の緑白色の筒状花で、葉のわきに1個垂れ下げる。

ツバメオモト（燕万年青）

ユリ科
ツバメオモト属
花期：5〜7月

北海道、本州の奈良県以北に分布する多年草。亜高山帯の針葉樹林下に生える。高さ20〜30㎝。株元に長さ15〜30㎝の長楕円形の葉が2〜5枚つく。花は長さ1〜1.5㎝の白花で、花後に青い果実をつける。

クルマバツクバネソウ

（車葉衝羽根草）

ユリ科→
シュロソウ科
ツクバネソウ属
花期：6〜7月

北海道から九州に分布する多年草。山地の林床などに生える。高さ40〜60㎝。茎の上部に長楕円状倒披針形の葉を6〜8枚輪生する。夏に淡黄緑色の花を1個つける。

ギョウジャニンニク（行者大蒜）

ユリ科→ネギ科
ネギ属
花期：6〜7月

北海道、本州の近畿以東に分布する多年草。深山の林床などに生える。高さ40〜70㎝。長さ20〜30㎝の長楕円形の葉がふつう2枚つく。夏に花茎の先に白花を散形状につける。

ノギラン（芒蘭）

ユリ科→ノギラン科
ノギラン属→ソクシンラン属
花期：6～8月

北海道から九州に分布する多年草。高さ20～50cm。葉は長さ8～20cmの倒《とう》披《ひ》針《しん》形《けい》。夏に茎の先に穂状に花をつける。花弁は長さ0.6～0.8cmの線状披針形で、花色は淡赤褐色。

ケイビラン（鶏尾蘭）

ユリ科　ケイビラン属→キジカクシ属　花期：7～8月

本州の紀伊半島、四国、九州に分布する多年草。山中の岩場や崖に生える。高さ20～40cm。雌《し》雄《ゆう》異《い》株《しゅ》。葉が雄鳥の尾羽に似た曲線をもつ。葉の間から花茎を出して、鐘形の花を下向きにつける。

タマガワホトトギス（玉川杜鵑草）

ユリ科
ホトトギス属
花期：7～9月

本州から九州に分布する多年草。深山の谷間などに生える。高さ40～80cm。葉は長さ約6cmの広楕円形で、基部は茎を抱く。夏から初秋に径約2.5cmの黄花をつける。

ヤマホトトギス（山杜鵑）

ユリ科
ホトトギス属
花期：7～9月

本州の岩手県以南から九州に分布する多年草。林下に生える。高さ30～90cm。葉は互生し、長さ8～15cmの長楕円形。茎の先にある葉のわきに花茎を出し、白地に紫色の斑点がある花を散房状につける。

マイヅルソウ（舞鶴草）

ユリ科
マイヅルソウ属
花期：5～7月

北海道から九州に分布する多年草。山地から亜高山帯の針葉樹林下に群生する。高さ10～25cm。葉は長さ3～7cmの卵心形。茎の先に20個ぐらいの白花を房状につける。花後に赤い実がなる。

ユキザサ（雪笹）

ユリ科
ユキザサ属→マイヅルソウ属
花期：5～7月

北海道から九州に分布する多年草。山地の林床に生える。高さ20～70cm。葉が茎の上半分に互生する。卵状楕円形で長さ6～15cm。春から夏に、茎の先に白い花を円錐状に多数つける。

ユリの仲間

ユリ科
ユリ属

ユリ属は球根をもつ多年草。北半球に約70種分布し、日本にも12種自生している。山地から亜高山には、主に下記のものが自生している。

❶ ヤマユリ（山百合）

花期：7〜8月
高さ100〜150㎝。花は径15〜20㎝。白色で内面に赤い点がある。芳香がある。本州の近畿以東に分布。

❷ コオニユリ（小鬼百合）

花期：7〜9月
高さ100〜200㎝。花は黄赤色で内面に赤い点があり、花弁が反り返る。北海道から九州に分布。

❸ ヒメユリ（姫百合）

花期：6〜7月
高さ30〜80㎝。赤橙色の花が上向きに咲く小型のユリ。東北南部以南から九州に分布。

❹ ヒメサユリ（姫小百合）

花期：6〜8月
高さ30〜80㎝。淡紅色の花をつける小型のユリ。山形、福島、新潟の県境付近に分布。

❺ ササユリ（笹百合）

花期：6〜7月
高さ50〜100㎝。花は長さ約10㎝の淡紅色で、横向きに咲く。本州の中部以西から九州に分布。

❻ クルマユリ（車百合）

花期：7〜8月
高さ30〜100㎝。花は径5〜6㎝。黄赤色の花を横向きにつける。北海道、本州の近畿以東、四国に分布。

1

2

3

4

5

6

ニッコウキスゲ（日光黄菅）

別名：ゼンテイカ
ユリ科→
ワスレグサ科
ワスレグサ属
花期：7～8月

北海道、本州中部以北に分布する多年草。山地から亜高山帯の草原に生える。高さ60～80cm。葉は長さ60～70cmの線形。濃橙色の漏《ろう》斗《と》状鐘形の花を3～10個つける。花径は約7cm。

ユウスゲ（夕菅）

別名：キスゲ
ユリ科→
ワスレグサ科
ワスレグサ属
花期：5～7月

本州から九州に分布する多年草。山地の草原に生える。夕方から開花して夜中に満開となる。高さ100～150cm。葉は長さ40～60cmの線形。夏に長さ10cmほどの黄色い花をつける。

キツネノカミソリ（狐の剃刀）

ヒガンバナ科
ヒガンバナ属
花期：8～9月

関東以西から九州に分布する多年草。山地や原野に生える。高さ30～50cm。葉はやや幅の広い線形で、夏のころには枯れる。夏に30～50cmの花茎を立てて、その先に黄赤色の花を3～5個つける。

ナツズイセン（夏水仙）

ヒガンバナ科
ヒガンバナ属
花期：8～9月

古くに中国から渡来したと思われる多年草で、山野の人家付近に生える。高さ50～70cm。葉は幅1.8～2.5cmの線形で、夏には枯れる。夏から秋に花茎を出して、淡紅紫色の花を横向きに数個つける。

ヤマノイモ（山の芋）

ヤマノイモ科
ヤマノイモ属
花期：7～8月

本州から沖縄に分布するつる性多年草。地中に長い円柱状の多肉根（自《じ》然《ねん》薯《じょ》）ができる。葉は長さ5～10cmの長卵形。夏に小さな白花を穂状につける。葉のわきに「むかご」ができる。

ヤブミョウガ（藪茗荷）

ツユクサ科
ヤブミョウガ属
花期：8～9月

本州の関東以西に分布する多年草。山地の林内に生える。高さ50～100cm。茎の中程に長さ20～30cmの長楕円形の葉を6～7枚つける。花は白い小花で、茎の先に5～6層にわたってつく。

ヒオウギアヤメ（檜扇文目）

アヤメ科
アヤメ属
花期：7～8月

北海道と本州の中部以北に分布する多年草。高地では原野に、寒地では湿原に生える。高さ30～90cm。葉がヒオウギに、花がアヤメに似るが、花は小型で長さ約1cm。

ヒオウギ（檜扇）

アヤメ科
ヒオウギ属
花期：8～9月

本州から沖縄に分布する多年草。葉は幅の広い剣状で、並び方が左右対称に扇のように並ぶ。夏に高さ60～100cmの花茎を立て、径3～4cmの花をつける。花色は黄赤色で、内側に濃紅色の点がある。

ヒメカイウ（姫海芋）

サトイモ科
ヒメカイウ属
花期：6～7月

北海道から本州の中部以北に分布する多年草。水湿地に生える。花茎の高さ15～30cm。葉は長さ、幅ともに7～12cmの円心形。夏につく仏炎《ぶつえん》苞《ほう》は長さ4～6cmの黄白色。花序《かじょ》は長さ1.5～3cmの長楕円形。

ノハナショウブ（野花菖蒲）

アヤメ科
アヤメ属
花期：6～7月

北海道から九州に分布する多年草。山野の草原や湿原に生える。花茎の高さ40～80cm。葉は長さ20～50cm、幅5～15cmの剣状。葉の真ん中が筋状《すじじょう》に盛り上がる。花は径10～13cm。花色は紫色。

オオハンゲ（大半夏）

サトイモ科
ハンゲ属
花期：6～8月

本州の中部以西から沖縄に分布する多年草。山地の常緑樹下に生える。花茎の高さ20～50cm。葉は長さ約15cmで、深く3つに裂ける。夏に花茎の先に、肉穂をつける。仏炎苞は長さ5～12cm。

ミズバショウ（水芭蕉）

サトイモ科
ミズバショウ属
花期：5～7月

北海道、本州の中部以北と兵庫県に分布する多年草。湿原に群生する。花茎の高さ10～30cm。花は葉に先立って開く。仏炎苞は長さ8～15cmで白色。花は棒状に密集する。葉は長さ約80cmと大きい。

ワタスゲ（綿菅）

カヤツリグサ科
ワタスゲ属
花期：6～7月

北海道と本州の中部以北に分布する多年草。高原の日当たりのよい湿地に群生する。高さ20～50㎝。初夏から夏に、葉の上部に茎を立てて、小型の花を密につける。花後、白い綿毛になる。

イチヨウラン（一葉蘭）

ラン科
イチヨウラン属
花期：5～7月

北海道から九州に分布する多年草。深山の針葉樹林下に生える。長さ3～6㎝の広楕円形の葉が1枚つく。高さ10～20㎝の花茎を出して、ラン特有の花を1個つける。花色は淡緑色から白色。

アツモリソウ（敦盛草）

ラン科
アツモリソウ属
花期：5～7月

北海道と本州中部以北に分布する多年草。山地の草原に生える。高さ30～50㎝。葉は3～4枚互《ご》生《せい》する。長さ10～20㎝の広楕円形で、基部が茎を抱く。春から夏に紅紫色の花を1個つける。花径約5㎝。

キバナノアツモリソウ（黄花の敦盛草）

ラン科
アツモリソウ属
花期：6～7月

北海道と本州中部に分布する多年草。亜高山帯の落葉樹林下や草原に生える。高さ10～30㎝。夏に淡黄褐色の花を1個つける。花径約3㎝。袋状の唇弁は広く開き、側弁花共に、茶褐色の斑点がある。

ナツエビネ（夏海老根）

ラン科
エビネ属
花期：7～8月

本州から九州に分布する多年草。山地のやや湿った落葉樹林下に生える。エビネの夏咲き種。高さ20～40㎝。花はふつう淡紫色で花弁は反転し、下向きに咲く。

オニノヤガラ（鬼の矢柄）

ラン科
オニノヤガラ属
花期：6～7月

北海道から九州に分布する腐生植物。樹林下で、ナラタケ菌と共生して生える。高さ40～100㎝。暗色の鱗《りん》片《べん》葉《よう》をつける。夏に茎の先に、長さ約1㎝の壺状の花を20～50個つける。花の色は黄褐色。

カキラン（柿蘭）

ラン科
カキラン属
花期：6～8月

北海道から九州に分布する多年草。深山の日当たりのよい湿地に生える。高さ30～70㎝。茎の中程から5～10枚の葉を互生する。夏に茎の先に橙黄色の花が総状につく。

クモキリソウ（雲切草）

ラン科
クモキリソウ属
花期：6～8月

北海道から沖縄に分布する多年草。亜高山帯から低山の樹木下に生える。高さ15～25㎝。株元にある2枚の葉は長楕円形。夏に花茎を出し、淡緑色の花を穂状につける。唇弁《しんべん》は中程で曲がる。

サイハイラン（采配蘭）

ラン科
サイハイラン属
花期：5～6月

北海道から九州に分布する多年草。山地の木陰に生える。高さ30～50㎝。葉は長さ15～35㎝の披針《ひしん》状長楕円形。ふつう1枚つく。花茎に淡紫褐色の花を15～20個、一方に片寄らせて、下向きにつく。

ササバギンラン（笹葉銀蘭）

ラン科
キンラン属
花期：5～6月

本州から九州に分布する多年草。林内に生える。高さ30～50㎝。葉は長さ7～15㎝の卵状披針形で笹の葉に似る。ギンラン（61ページ）に似るが、ギンランより大型で、花の下の苞《ほう》が葉状に長いので区別できる。

コケイラン（小蕙蘭）

ラン科
コケイラン属
花期：5～7月

北海道から九州に分布する多年草。深山の木陰のやや湿ったところに生える。高さ30～40㎝。長さ20～30㎝の披針形の葉がふつう2枚つく。花は径1㎝ほど。花茎の先に総状にまばらにつく。花色は黄褐色。

サワラン（沢蘭）

ラン科
サワラン属
花期：6～7月

北海道、本州の中部以北に分布する多年草。湿原に生える。高さ20～30㎝。トキソウ（129ページ）と同じ場所に生え、似ているが、サワランの花は鮮やかな紅紫色。トキソウほど開かず、うつむき加減につく。

ベニシュスラン（紅繻子蘭）

ラン科
シュスラン属
花期：7～8月

本州の関東以西から九州に分布する多年草。山地の常緑樹林下のやや湿ったところに生える。高さ4～10㎝。卵状楕円形の葉が互生《ごせい》する。夏に茎の先に1～3個、淡紅色の花をつける。

ショウキラン（鍾馗蘭）

ラン科
ショウキラン属
花期：7～8月

北海道南西部から九州に分布する腐生植物。山地の樹林下の笹原などに生える。高さ10～25㎝。茎は紅紫色を帯びた白色で、鱗片がある。茎の先に径3㎝ほどの淡紅紫色の花を2～7個つける。

ヤマサギソウ（山鷺草）

ラン科
ツレサギソウ属
花期：5～7月

北海道から九州に分布する多年草。日当たりのよい草地に生える。高さ20～40㎝。茎につく葉は披針形《ひしんけい》で、基部が茎を抱く。花は淡黄緑色で、長い距《きょ》が湾曲している。

ミヤマウズラ（深山鶉）

ラン科
シュスラン属
花期：8～9月

北海道中部以南から奄美に分布する多年草。高さ12～25㎝。茎は多肉質で地を這い、上部が立ち上がる。葉は長さ2～4㎝の卵形で、白斑がある。花は白色か淡紅色。7～12個の花が一方に片寄ってつく。

ミズチドリ（水千鳥）

ラン科
ツレサギソウ属
花期：6～7月

北海道から九州に分布する多年草。山地のやや湿りけのあるところに生える。高さ50～90㎝。葉は10～20㎝の線状披針形。夏に花茎の先に径約1㎝の香りのある白花を穂状につける。

サギソウ（鷺草）

ラン科
ミズトンボ属
花期：7～8月

本州、四国、九州に分布する多年草で、日当たりのよい湿地に生える。高さ15～40㎝。葉は互生して広線形。真夏に花穂を伸ばし、先端に径3㎝ほどの純白の花を1～4個つける。唇弁の側裂片は細かく裂ける。

ノビネチドリ（延根千鳥）

ラン科
テガタチドリ属
花期：5〜7月

北海道、本州の中部以北、四国、九州に分布する多年草。山地の林床で、やや湿ったところに生える。高さ30〜60㎝。葉は楕円形から広楕円形。春から夏に多数の淡紅紫色の花を穂状につける。

ナゴラン（名護蘭）

ラン科　ナゴラン属　花期：6〜8月

伊豆七島、紀伊半島、福井県、四国、九州、沖縄に分布する多年草。常緑広葉樹林内の樹幹や岩に着生する。長さ5〜15㎝の花茎に径5㎝の花をつける。花色は乳白色で、紅紫色の斑が入る。

コアニチドリ（小阿仁千鳥）

ラン科
ヒナラン属
花期：6〜8月

北海道、本州の中部以北に分布する多年草。多雪地の湿原や湿った岩場に生える。高さ10〜20㎝。葉は細長く、長さは4〜8㎝。花は白色か淡紅色。唇弁は0.8〜1㎝で、先が3つに裂ける。

トキソウ（朱鷺草）

ラン科
トキソウ属
花期：5〜7月

北海道から本州に分布する多年草。日当たりのよい湿原に生える。高さ10〜30㎝。茎の途中に長楕円形の葉を1枚つける。茎の先に径2㎝ほどの紅紫色の花が咲く。花の下には長い葉状の苞《ほう》がある。

オノエラン（尾上蘭）

ラン科
ハクサンチドリ属
花期：7〜8月

本州の中部以北、紀伊半島に分布する多年草。岩まじりの草地に生える。高さ10〜15㎝。葉は長さ6〜10㎝の長楕円形。白花を2〜6個総状につける。唇《しん》弁《べん》がくさび形で、W字形の黄色い模様がある。

ムカデラン（百足蘭）

ラン科
ムカデラン属
花期：6〜8月

本州の関東以西の太平洋側から九州に分布する多年草。岸壁や樹幹に着生する。葉は互生し、長さ0.7〜1㎝の円柱形。夏に長さ約0.5㎝の花茎を出し、花を1個つける。花は径約0.5㎝で淡紅色。

夏の山野草

高山の花

ムカゴトラノオ（零余子虎の尾）

タデ科
イブキトラノオ属
花期：6～9月

北海道、本州中部以北に分布する多年草。高山帯や亜高山帯の草地に生える。高さ5～30㎝。株元から出る葉は、長さ1～12㎝の広楕円形から披《ひ》針《しん》形《けい》。花は白色。花穂の下に「むかご」をつける。

ウラジロタデ（裏白蓼）

タデ科
オンタデ属
花期：6～10月

北海道、本州中部以北に分布する多年草。高山帯の砂《さ》礫《れき》地《ち》などに生える。高さ30～100㎝。葉は卵形から長楕円形で、先が鋭くとがる。葉裏に綿毛が密生する。花は黄白色の小花で、円錐状につく。

オンタデ（御蓼）

タデ科
オンタデ属
花期：6～8月

北海道、本州の中部以北に分布する多年草。高さ30～80㎝。葉は互生し、長さ10～20㎝の広卵形で先端がとがる。茎の先や葉のわきに、黄色を帯びた白い小花を多数つける。

ヒメイワタデ（姫岩蓼）

タデ科　オンタデ属　花期：7〜8月

北海道に分布する多年草。高山帯の砂礫地に生える。高さ10〜30㎝。葉は肉厚で葉脈がくぼむ。長さ2.5〜7㎝の披針形で、基部が細い。花は淡黄白色または淡紅紫色で、小さな花が集まって円錐状になる。

イワツメクサ（岩爪草）

ナデシコ科　ハコベ属　花期：7〜9月

本州の中部地方に分布する多年草。高山の礫地に生える。高さ5〜20㎝。葉は長さ2〜4㎝の線形で対生《たいせい》する。花は径約1.5㎝の白花。5枚の花弁は深く2つに裂けるので、10枚あるように見える。

タカネツメクサ（高嶺爪草）

ナデシコ科
タカネツメクサ属
花期：7〜8月

本州の中部以北に分布する多年草。砂礫地や岩場に生える。高さ2〜6㎝。葉は長さ0.5〜2㎝の針形で、茎に密につく。夏に腺毛《せんもう》のある花茎を出し、その先に径約1㎝の白花をふつう1個つける。

タカネナデシコ（高嶺撫子）

ナデシコ科　ナデシコ属　花期：7〜9月

北海道、本州中部以北に分布する多年草。高山帯の風当たりの強い草地や礫地に生える。高さ10〜30㎝。花は径4〜5㎝で、カワラナデシコより色が濃く、花弁の切れ込みも深く細かい。

エゾミヤマツメクサ（蝦夷深山爪草）

ナデシコ科　タカネツメクサ属　花期：7〜8月

北海道の大雪山の岩礫地だけに生える多年草。高さ3〜5㎝。横に伸びて群生する。葉は針形で、縁には毛が密生している。花弁は白色の倒卵形で、5枚からなる。

ホソバツメクサ（細葉爪草）

別名：コバノツメクサ
ナデシコ科
タカネツメクサ属
花期：7〜8月

北海道、本州の中部以北に分布する多年草。砂礫地に生える。高さ約10㎝。葉は細い線状。花は星形の白花で、径約0.5㎝。タカネツメクサより小型で、花弁の先端は切れ込まない。

シコタンハコベ（色丹繁縷）

別名：ネムロハコベ
ナデシコ科
ハコベ属
花期：7～8月

北海道、本州中部に分布する多年草。高山の礫地《れきち》に生える。高さ7～17㎝。葉は先のとがった卵形から倒披針形《とうひしんけい》で厚く、十字状に互生する。花は白い小花で、葯《やく》の色は赤色。

チョウカイフスマ（鳥海衾）

ナデシコ科
タカネツメクサ属
花期：7～8月

山形県の鳥海山に分布する多年草。岩地や砂礫地に生える。茎には稜《りょう》があり、高さ5～8㎝になる。葉は長さ1～2㎝の卵形で、茎を包むように密につく。花は径約1㎝の白花。花弁の長さ約0.5㎝。

タカネビランジ

ナデシコ科
マンテマ属
花期：8～9月

本州の関東と中部に分布する多年草。岩場などに生える。高さ3～10㎝。マット状に横に伸びた葉の間から柄を出し、花径3㎝ぐらいの花を多数つける。花弁は5枚。淡紅色と濃紅紫色がある。

チシママンテマ（千島まんてま）

ナデシコ科
マンテマ属
花期：7～8月

北海道、礼文島に分布する多年草。岩礫地や岩場に生える。高さ10～40㎝。茎の基部は地上を這い、上部が立ち上がる。葉は対生で、線形。花は白色の5弁花で、がくが筒型で紫色を帯びる。

クモマミミナグサ（雲間耳菜草）

ナデシコ科　ミミナグサ属　花期：7～8月

本州の関東と中部地方に分布する多年草。砂礫地に生える。高さ5～15㎝。ミヤマミミナグサの変種。ミヤマミミナグサは花弁の先が細かく裂けるが、本種は2つに切れ込むだけなので見分けられる。

ミヤマミミナグサ（深山耳菜草）

ナデシコ科
ミミナグサ属
花期：7～8月

北海道南西部、本州中部に分布する多年草。高山の砂礫地に生える。高さ5～20㎝。全体に軟毛がある。葉は長さ0.5～2㎝の線形で対生する。花は白色で、花弁が2つに裂け、さらに先端が浅く裂ける。

ハクサンイチゲ （白山一華）

キンポウゲ科
イチリンソウ属
花期：7～8月

北海道、本州の東北地方の高山に分布する多年草。日当たりのよい草地に生える。高さ15～40cm。葉は3出葉で、さらに羽状に裂ける。夏に2～2.5cmの白花をつける。

ツクモグサ （九十九草）

キンポウゲ科
オキナグサ属
花期：7月

北海道、本州の中部以北に分布する多年草。葉は長さ2～6cmの3出複葉。小葉は深く裂ける。花は径約3.5cmで上向きに咲く。花色は淡黄色。外側は白色の長い毛で覆われる。

アポイカラマツ （アポイ唐松）

キンポウゲ科
カラマツソウ属
花期：6月

北海道のアポイ岳の岩壁に生える多年草。高さ5～20cm。茎の先が分枝して、小葉は1cm以下と小さい。花は円錐状につく。開花前のがくが紅色で、花のように美しい。

ミツバオウレン （三葉黄連）

キンポウゲ科
オウレン属
花期：6～8月

北海道、本州の中部以北に分布する多年草。花茎の高さ5～10cm。葉は3出葉で、小葉は広倒卵形。夏に花茎の先に花を1個上向きにつける。花径は0.7～1cm。花弁状のがく片は長楕円形で白色。

ミヤマオダマキ （深山苧環）

キンポウゲ科
オダマキ属
花期：6～8月

北海道、本州の中部以北に分布する多年草。草地や礫地に生える。高さ10～25cm。葉は2回3出複葉。小葉は長さ1～2cmの扇形で、2～3つに裂ける。花は径3～4cm。花色は青紫色または白色。

ミヤマハンショウヅル

（深山半鐘蔓）
キンポウゲ科
センニンソウ属
花期：6～8月

北海道、本州の中部以北に分布するつる性低木。高山帯から亜高山帯の針葉樹林の縁などに生える。葉は2回3出複葉で、小葉は卵形。花は濃紫色の鐘形。長さ2.5cmほどで、半開する。

シナノキンバイ（信濃金梅）

キンポウゲ科
キンバイソウ属
花期：7〜9月

北海道、本州の中部以北に分布する多年草。やや湿った草原に生える。高さ20〜80㎝。葉は長さ4〜13㎝、掌状に深く裂ける。花は径3〜4㎝。黄色い花弁のように見えるのはがく片で、5〜7枚ある。

エゾルリソウ（蝦夷瑠璃草）

ムラサキ科
ハマベンケイ属
花期：7〜8月

北海道に分布する多年草。亜高山帯の砂礫地や草地に生える。高さ20〜40㎝。茎や葉は青白色を帯びる、葉は互生《ごせい》し、長さ2.5〜5㎝の卵形。花は筒状の青紫色で、下垂する。花冠の長さは1〜1.2㎝。

ミヤマムラサキ（深山紫）

ムラサキ科
ミヤマムラサキ属
花期：7〜8月

北海道、本州の中部以北に分布する多年草。砂礫地に生える。高さ6〜20㎝。全体に白い剛毛がある。葉は長さ1〜6㎝の線状披針形《ひしんけい》。茎葉は長さ1〜1.5㎝。花は淡青紫色で、花径約0.8㎝。

レブンキンバイソウ（礼文金梅草）

キンポウゲ科　キンバイソウ属　花期：6〜7月

北海道の礼文島に分布する多年草。高さ15〜80㎝。葉は長さ3〜13㎝で3つに深く裂け、さらに裂片が裂けて掌状《しょうじょう》になる。花は径3〜5㎝。花弁に見えるのはがく片で、5〜13枚あり、八重咲き状になる。

ホソバトリカブト（細葉鳥兜）

キンポウゲ科
トリカブト属
花期：8〜9月

本州の関東、中部に分布する多年草。高山帯から亜高山帯の日当たりのよいところに生える。高さ50〜150㎝。葉は3つに深く裂け、さらに細かく裂ける。茎の先に兜形で濃青紫色の花をつける。

リシリヒナゲシ（利尻雛芥子）

ケシ科
ケシ属
花期：7〜8月

北海道の利尻岳特産の多年草。山頂付近の礫地に生える。高さ10〜20㎝。全体に粗い毛が生えている。葉は長さ15㎝ぐらいで、細かく裂ける。夏に花茎を伸ばして、径2〜3㎝の淡黄色の花を1個つける。

コマクサ（駒草）

ケシ科
コマクサ属
花期：7～8月

北海道、本州の中部以北に分布する多年草。高山帯の砂礫地に生える。高さ5～10cm。葉は細かく分裂し、先端では線状になる。花は長さ2～2.5cmの淡紅色で、花弁が外側と内側に2個ずつつく。

クモマナズナ（雲間薺）

アブラナ科
イヌナズナ属
花期：6～7月

本州中部に分布する多年草。高山の岩上に生える。高さ9～15cm。株元から出る葉は、長さ0.5～1.7cmのへら状線形から倒披《とうひ》針形《しんけい》。花弁は白色の倒卵状楕円形で、先がくぼむ。花弁の長さ約0.6cm。

ナンブイヌナズナ（南部犬薺）

アブラナ科　イヌナズナ属　花期：6～8月

北海道の夕張岳、本州の早池峰山《はやちねさん》に分布する多年草。蛇紋《じゃもん》岩地に生える。高さ5～10cm。根茎を分枝させて密に生える。夏に淡黄色の花を茎の先に10個ほどつける。

ミヤマタネツケバナ（深山種漬花）

アブラナ科
タネツケバナ属
花期：7～8月

北海道、本州の中部以北に分布する多年草。湿りけのある礫地や沢沿いに生える。高さ3～10cm。葉は羽状複葉で、小葉は長楕円形から倒卵形。花は径0.7～0.8cmの4弁花で、茎の先に2～6個つく。

イワベンケイ（岩弁慶）

ベンケイソウ科
イワベンケイ属
花期：7～8月

北海道、本州の中部以北に分布する多年草。高山帯から亜高山帯の岩場に生える。高さ10～30cm。葉は肉厚で長さ1～4cmの長楕円形または卵形。葉は粉を帯びて青白色に見える。花は淡黄緑色。

ホソバイワベンケイ（細葉岩弁慶）

ベンケイソウ科　イワベンケイ属　花期：7～8月

北海道、本州の関東以北に分布する多年草。高山の風当たりの強い岩場に生える。高さ7～25cm。葉は肉厚。長さ1～4cm、幅0.4～1cmの線状倒披針形で、鮮やかな緑色。花は淡黄緑色で、花弁は4枚。

ミヤマダイモンジソウ

（深山大文字草）
ユキノシタ科
ユキノシタ属
花期：8～9月
北海道から本州の中部地方に分布する多年草。高山帯から亜高山帯の湿りけある草地または岩礫地《がんれきち》に生える。高さ15～25cm。葉は長さ2～3cmの腎円形。白い5弁花が、茎の上部に5～10個つく。

クモマユキノシタ（雲間雪の下）

別名：ヒメヤマハナソウ
ユキノシタ科
ユキノシタ属
花期：7～8月
北海道の大雪山、夕張山地の岩礫地に生える多年草。高さ4～10cm。葉は長さ1～3cmの倒卵状くさび形。夏に花茎を立てて、花径1cmほどの白花をつける。

シコタンソウ（色丹草）

ユキノシタ科
ユキノシタ属
花期：7～8月
北海道、本州の中部以北に分布する多年草。岩礫地に生える。高さ3～12cm。よく分枝して葉を密生する。葉は長さ0.5～1.5cmのへら状披《ひ》針《しん》形《けい》。夏に花茎を出して、径約1cmの白花を1～10個つける。

チシマクモマグサ（千島雲間草）

ユキノシタ科
ユキノシタ属
花期：7～8月
北海道、千島に分布する多年草。岩礫地に生える。高さ3～10cm。葉は長さ0.6～2cmの倒卵形から長楕円形。やや肉厚で縁に腺《せん》毛《もう》がある。花茎に白花を1～8個つける。花弁は広卵形、長さ0.6～0.7cm。

ベニバナイチゴ（紅花苺）

バラ科
キイチゴ属
花期：6～7月
北海道の西南部から本州の中部以北に分布する落葉小低木。高さ約100cm。葉は3小葉。小葉は長さ3～7cmの菱状広倒卵形。柄の先に花を1個下垂して咲かせ、花後に丸い実を赤黄色に熟す。

キンロバイ（金露梅）

バラ科
キジムシロ属
花期：7～8月
北海道、本州の中部以北に分布する落葉低木。岩礫地に生える。高さ30～100cm。葉は奇数羽状複葉。小葉は長さ0.8～2cmの長楕円形。夏に径2～2.5cmの黄色い5弁花をつける。

ミヤマキンバイ（深山金梅）

バラ科
キジムシロ属
花期：7～8月

北海道、本州の中部以北に分布する多年草。高さ10～20㎝。全体に粗い毛がある。葉は3小葉。小葉は長さ1.5～4㎝の卵形。葉には白毛がまばらにつく。夏に径約2㎝の黄色い花をつける。

チングルマ（稚児車）

バラ科　ダイコンソウ属　花期：7～8月

北海道、本州の中部以北に分布する落葉性の小低木。高山帯の湿りけのある花畑に生える。高さ10～20㎝。葉は奇数羽状複葉で、小葉は3～5対。花は黄色みを帯びた白色の5弁花。花径2～3㎝。写真右は種子。

チョウノスケソウ（長之助草）

バラ科
チョウノスケソウ属
花期：7～8月

北海道、本州の中部地方に分布する落葉性の小低木。高山帯の岩場に生える。高さ20～50㎝。葉は卵形で側脈がくぼみ、裏に綿毛が生える。花は径2～3㎝の白花で、雌しべ、雄しべともに多い。

メアカンキンバイ（雌阿寒金梅）

バラ科　キジムシロ属　花期：7～8月

北海道の大雪山など、高山の草地に生える多年草。高さ3～10㎝。葉は3小葉。小葉は長さ0.6～1.2㎝の広いくさび形で、先端に3個の歯牙がある。花は径1.5㎝の黄色い5弁花。

ミヤマダイコンソウ（深山大根草）

バラ科
ダイコンソウ属
花期：7～8月

北海道、本州の近畿以北、四国の石《いし》鎚《づち》山《やま》に分布する多年草。高山帯の岩礫地に生える。高さ10～30㎝。葉は奇数羽状複葉で、一番先にある小葉は腎円形で長さ3～14㎝と大きい。黄花は径1.5～2㎝の5弁花。

ウラジロナナカマド（裏白七竈）

バラ科
ナナカマド属
花期：6～8月

北海道、本州の中部以北に分布する落葉低木。森林や林縁に生える。高さ100～200㎝。葉は奇数羽状複葉。小葉は長楕円形で、9～13枚つく。夏に径約1㎝の白花を多数集めて咲く。花後、実を赤熟する。

ハゴロモグサ （羽衣草）

バラ科
ハゴロモグサ属
花期：7～8月

北海道の夕張岳、本州の中部地方に分布する多年草。高山の乾きぎみの草地に生える。高さ20～40cm。株元から出る葉は掌《しょう》状《じょう》。茎の先につく花は淡黄色の小花で、あまり目立たない。

タカネトウウチソウ （高嶺唐打草）

バラ科
ワレモコウ属
花期：7～8月

北海道、本州の関東、中部に分布する多年草。高山帯の草地から礫地《れきち》などに生える。高さ40～80cm。夏に枝の先に長さ4～10cmの白い花穂をつける。花は下から上にむかって咲く。

ナンブトウウチソウ （南部唐打草）

バラ科
ワレモコウ属
花期：8～9月

岩手県の早池峰山《はやちねさん》特産の多年草。岩礫地や草地に生える。高さ30～50cm。茎が直立または斜上し、茎の先に長さ5～7cmの円柱状の花穂を出し、美しい花を密集してつける。花色は淡紅紫色。

リシリトウウチソウ （利尻唐打草）

バラ科
ワレモコウ属
花期：8～9月

北海道の高山に分布する多年草。タカネトウウチソウの変種。本種には、茎や葉軸に赤褐色のちぢれ毛があることから区別できる。

オヤマノエンドウ （御山の豌豆）

マメ科
オヤマノエンドウ属
花期：6～8月

本州中部に分布する多年草。高山のやや乾いた草地や岩場に生える。高さ約10cm。葉は長さ3～6cmの羽状複葉で、4～7対の小葉がある。花は長さ1.7～2cmの蝶形で、花色は青紫色。

エゾオヤマノエンドウ （蝦夷御山の豌豆）

マメ科　オヤマノエンドウ属　花期：7～8月

北海道の大雪山の砂礫地や岩礫地に生える多年草。高さ約10cm。全体に毛が多い。葉は奇数羽状複葉。小葉は9～10個つく。夏に茎の先に花を2個つける。花は紫色の蝶形で、長さ1.7～2cm。

レブンソウ（礼文草）

マメ科　オヤマノエンドウ属　花期：6～7月

北海道の礼文島特産の多年草。草地に生える。高さ10～20㎝。葉は奇数羽状複葉。小葉は長さ1～2㎝の長楕円形で、先がややとがる。夏に花茎を立てて、紅紫色の花を5～15個つける。花の長さ約2㎝。

チシマゲンゲ（千島紫雲英）

マメ科
イワオウギ属
花期：6～8月

北海道に分布する多年草。高山帯から亜高山帯の草地に生える。高さ10～40㎝。葉は長さ8～15㎝の奇数羽状複葉。小葉は長さ1.5～2.5㎝の卵状楕円形。夏に紅紫色の花を総状につける。

タイツリオウギ（鯛釣黄耆）

マメ科
ゲンゲ属
花期：7～9月

北海道、本州の中部、岩手県に分布する多年草。高山帯の草原に生える。高さ40～70㎝。小葉は長卵形で長さ1～2㎝。白い軟毛がある。夏に花柄を出し、黄白色で長さ約2㎝の花を5～7個つける。

タカネスミレ（高嶺菫）

スミレ科
スミレ属
花期：7～8月

北海道、本州の中部以北に分布する多年草。砂礫地に生える。高さ5～12㎝。葉は長さ約2㎝、幅約3㎝の腎円形で、厚く、光沢がある。無毛。花は濃い黄色で、長さ1～1.2㎝。唇《しん》弁《べん》に褐色の条《すじ》がある。

タカネグンナイフウロ（高嶺郡内風露）

フウロソウ科
フウロソウ属
花期：7～8月

本州の中部地方に分布する多年草。グンナイフウロの高山型で、高山帯から亜高山帯の明るい草地に生える。高さ30～50㎝。葉裏の葉脈上に毛がある。花は径約3㎝。花色は紫色。（写真は白花）

チシマフウロ（千島風露）

フウロソウ科
フウロソウ属
花期：7～8月

北海道、岩手県の早池峰山に分布する多年草。高山帯の草原に生える。高さ20～50㎝。葉は幅5～12㎝で、掌状に5～7つに裂ける。夏に径3㎝ほどの紅紫色の花を、横向きに多数咲かせる。

ゴゼンタチバナ （御前橘）

ミズキ科
ゴゼンタチバナ属
→サンシュユ属
花期：6～7月

北海道、本州、四国に分布する多年草。高山帯から亜高山帯の樹林下や林縁に生える。高さ2～20㎝。ふつう6枚の葉が輪生状につく。花は4枚の白い総苞《そうほう》に包まれた小花。花後に実を赤熟する。

ミヤマトウキ （深山当帰）

セリ科　シシウド属　花期：6～8月

北海道、本州の東北地方に分布する多年草。高山帯から亜高山帯の岩場や草原に生える。高さ20～50㎝。葉は1～3回3出羽状複葉。小葉は披針形《ひしんけい》で3つに裂ける。花は白い小花で、複散形に多数つく。

シラネニンジン （白根人参）

セリ科
シラネニンジン属
花期：7～8月

北海道、本州の中部以北に分布する多年草。高山帯から亜高山帯の湿った草原などに生える。高さ7～30㎝。葉は2～3回羽状複葉。小葉は卵形から線形。径0.2～0.3㎝の白い小花を複散形につける。

ミヤマウイキョウ （深山茴香）

セリ科
シラネニンジン属
花期：8～9月

北海道、本州の中部以北、四国に分布する多年草。高山帯の岩場に生える。高さ10～30㎝。葉は1～4回出羽状複葉。裂片は幅約0.1㎝と細長い。夏に茎の先端に総状に白い小花をつける。

イワウメ （岩梅）

イワウメ科
イワウメ属
花期：7月

北海道、本州中部以北の高山に分布する常緑小低木。岩壁や岩礫地《がんれきち》に生える。枝が密に地面を這い、葉を密生する。高さ2～3㎝。夏に枝先に花柄を出して、1個ずつ鐘形の白花をつける。花径は約1㎝。

ウラジロハナヒリノキ （裏白嚔の木）

ツツジ科　ハナヒリノキ属　花期：7～8月

北海道、本州に分布する落葉低木。高山帯から亜高山帯の林縁に生える。高さ10～50㎝。葉は互生《ごせい》し、長楕円形から楕円形。両面に細毛があり、葉裏は白い。夏に淡緑白色の壺形の花を下向きにつける。

イワヒゲ（岩髭）

ツツジ科　イワヒゲ属　花期：7月

北海道、本州の中部以北に分布する常緑小低木。高山帯の岩場などに生える。鱗片《りんぺん》状の葉を密につけた枝が地面を這う。枝の上部にある鱗片葉の間から花柄を出し、白色の壺型の花を下向きにつける。

クロウスゴ（黒臼子）

ツツジ科
スノキ属
花期：6〜7月

北海道、本州の中部以北に分布する落葉低木。高さ10〜150cm。葉は長さ2〜4cmの楕円形。花は若い枝の葉のわきに1個つける。花は壺形で、淡紅色から淡紅紫色。花後に実が黒紫色に熟す。

コケモモ（苔桃）

ツツジ科
スノキ属
花期：6〜7月

北海道から九州に分布する常緑小低木。高山の乾いた草原に生える。高さ5〜15cm。葉は互生し、長さ0.6〜1.5cmの倒卵状楕円形で光沢がある。花は鐘形で白色。花後に球形の実を赤熟する。

エゾツツジ（蝦夷躑躅）

ツツジ科
エゾツツジ属
花期：7〜8月

北海道、東北北部に分布する落葉低木。高山帯の強風が吹く岩礫地などに生える。高さ10〜30cm。葉は長さ2〜4cmの倒卵形。夏に若枝の先に濃紅紫色の花を1〜3個つける。花の径は2.5〜3.5cm。

クロマメノキ（黒豆の木）

ツツジ科
スノキ属
花期：6〜8月

北海道、本州の中部以北に分布する落葉小低木。砂礫地に生える。高さは高山で10〜30cm、亜高山で約70cm。葉は長さ約2cmの倒卵形。花は径約1cmの筒状鐘形。花色は白色または淡紅色。花後に実を紫黒色に熟す。

ツルコケモモ（蔓苔桃）

ツツジ科
スノキ属
花期：6〜7月

北海道、本州の中部以北に分布する常緑小低木。高山帯から亜高山帯の高層湿原に生える。葉は互生し、長さ約1cmの狭卵形。夏に葉のつけ根に淡紅紫色の花を1〜5個つける。花後に球形の実が赤熟する。

ツガザクラ（栂桜）

ツツジ科
ツガザクラ属
花期：7～8月

本州中部と四国に分布する常緑小低木。高山の岩場に生える。高さ10～20cm。葉は茎の上部に密集する。線形で縁は下方に巻く。花は淡紅色で鐘形。花径0.3～0.5cm。

アオノツガザクラ（青の栂桜）

ツツジ科
ツガザクラ属
花期：7～8月

北海道、本州の中部以北に分布する常緑小低木。高山の湿りけある岩場や草地に生える。高さ10～30cm。花は淡黄緑色で壺形。長さ0.6～0.7cmで先が浅く5つに裂ける。

エゾノツガザクラ（蝦夷の栂桜）

ツツジ科
ツガザクラ属
花期：7～8月

北海道、東北地方に分布する常緑小低木。高山帯の湿りけある岩場や草地に生える。高さ10～25cm。花は紅紫色の壺形で、長さ0.8～1cm。先は浅く5つに裂け、反り返る。

チシマツガザクラ（千島栂桜）

ツツジ科
チシマツガザクラ属
花期：7～8月

北海道、岩手県の早池峰山に分布する常緑小低木。岩《がん》礫《れき》地《ち》や岩場に生える。高さ2～3cm。直立した枝先に、淡紅色の花を2～10個つける。花の径は0.5～0.6cmと小さく、先が深く4つに裂け、花弁に見える。

キバナシャクナゲ（黄花石楠花）

ツツジ科
ツツジ属
花期：6～8月

北海道、本州の中部以北に分布する常緑小低木。高さ20～40cm。葉は長楕円形で、光沢がある。花は枝の先に5～6個集まって咲く。花径約4cm。花冠《かかん》の先が5つに裂け、茶色の斑点がある。

ハクサンシャクナゲ（白山石楠花）

ツツジ科
ツツジ属
花期：6～7月

北海道、本州の中部以北、四国に分布する常緑小低木。岩場や礫地に生える。高さ40～300cm。花冠は漏斗《ろうと》形《けい》で先が5つに裂ける。花色は白色から淡紅色で、内側に淡緑色の斑点がある。

ミネズオウ（峰蘇芳）

ツツジ科
ミネズオウ属
花期：7〜8月

北海道、本州中部以北に分布する常緑小低木。高山帯の礫地や岩場に生え、地面を這って伸びる。葉は革質で長さ0.5〜0.9cmの線状長楕円形。夏に白色またはわずかに赤みを帯びた鐘形の花をつける。

ガンコウラン（岩高蘭）

ガンコウラン科→ツツジ科
ガンコウラン属
花期：5〜7月

北海道から本州に分布する常緑小低木。岩礫地に生える。高さ10〜20cm。葉は長さ0.3〜0.7cmの線形で、裏面に巻き込む。花は暗紅色で、葉のわきにつく。花後、球形の実が黒く熟す。

ハクサンコザクラ（白山小桜）

サクラソウ科
サクラソウ属
花期：7〜8月

東北の飯豊山から石川県・白山の日本海側に分布する多年草。雪解けあとの草地に群生する。高さ5〜15cm。葉は長さ3〜8cm。花は5弁花だが、花弁の先が深く切れ込み10弁のように見える。

ヒナザクラ（雛桜）

サクラソウ科
サクラソウ属
花期：6〜7月

東北地方の高山に分布する多年草。積雪の多い高山で、雪解け直後の湿地に生える。高さ7〜15cm。花はハクサンコザクラに比べると小さく、径約1cm。サクラソウ属の中で白い花をつけるのは本種のみ。

エゾコザクラ（蝦夷小桜）

サクラソウ科　サクラソウ属　花期：7〜8月

北海道に分布する多年草。高山帯の湿った草地に生える。高さ5〜15cm。葉は長さ1.5〜4.5cmの倒卵状くさび形。夏に花茎の先に紅紫色の花を1〜6個つける。花は径2cmほどの高杯形。

トチナイソウ（栃内草）

サクラソウ科　トチナイソウ属　花期：7〜8月

北海道と岩手県の早池峰山に分布する多年草。乾いた岩場などに生える。高さ3〜4cm。全体に白い軟毛で覆われている。夏に花茎を伸ばして、径0.5〜0.7cmの白い花を咲かせる。

タテヤマリンドウ（立山竜胆）

リンドウ科
リンドウ属
花期：8〜9月

北海道、本州の三重県以北に分布する二年草。高山帯から亜高山帯の湿地に生える。ハルリンドウの高山型で、高さ5〜15㎝とやや小型。花も小型で、花色も淡青紫色と薄い。花の長さは1〜2㎝。

ミヤマリンドウ（深山竜胆）

リンドウ科
リンドウ属
花期：7〜8月

北海道、本州中部以北に分布する多年草。高山帯の草原に生える。高さ5〜15㎝。葉は長さ0.5〜1.2㎝の広披針形。青紫色の花を1〜5個つける。花は筒状鐘形で先が5つに裂け、間に副片がある。

ミヤマコゴメグサ（深山小米草）

ゴマノハグサ科→
ハマウツボ科
コゴメグサ属
花期：7〜8月

本州の中部以北に分布する一年草。高山帯の草地に生える。高さ6〜15㎝。葉は長さ0.5〜1.2㎝の倒卵形で、基部はくさび形。上部にある葉のつけ根に、白地に紫色の条《すじ》が入った唇形花をつける。

トウヤクリンドウ（当薬竜胆）

リンドウ科
リンドウ属
花期：8〜9月

北海道、本州の中部以北に分布する多年草。高山帯の草原や礫地《れきち》に生える。高さ10〜20㎝。茎につく葉は対生し、長さ2〜5㎝の披針形《ひしんけい》。花は長さ3.5〜4㎝。花色は淡黄色で、緑色の斑点がある。

ミヤマウツボグサ（深山靫草）

シソ科　ウツボグサ属　花期：5〜8月

北海道から九州に分布する多年草。高さ約20㎝で、ウツボグサのように匍匐枝《ほふくし》は出さない。葉は対生《たいせい》し、卵状長楕円形。花は長さ1.5〜2㎝で、シソ科特有の唇形《しんけい》。花色は濃紫色。

ヒメコゴメグサ（姫小米草）

ゴマノハグサ科→
ハマウツボ科
コゴメグサ属
花期：7〜9月

本州の中部に分布する一年草。高山の草地に生える。高さ6〜15㎝。葉は対生で、長さ0.5〜1㎝の倒卵形。上部の葉のわきに唇形花を1個つける。花は白色で、紫色の条が入る。

エゾヒメクワガタ（蝦夷姫鍬形）

ゴマノハグサ科→オオバコ科　クワガタソウ属　花期：7〜8月

北海道の高山に生える多年草。高さ5〜15㎝。茎は直立し、白い軟毛がある。葉は対生で、長さ1〜2.5㎝の広卵形。花は径1〜1.2㎝で、先が4つに裂ける。花色は淡紫色。

ヒメクワガタ（姫鍬形）

ゴマノハグサ科→オオバコ科
クワガタソウ属
花期：7〜8月

本州の中部以北に分布する多年草。日本海側から東北地方の高山に生える。高さ7〜14㎝。長さ1〜2㎝の楕円形の葉が対生する。夏に茎の先につく花は径0.6㎝ほど。花色は淡青紫色。

ミヤマクワガタ（深山鍬形）

ゴマノハグサ科→オオバコ科
クワガタソウ属
花期：7〜8月

本州の中部以北に分布する多年草。高山帯から亜高山帯の岩場に生える。高さ10〜25㎝。葉は長さ1〜3㎝の卵状楕円形。茎の先に径1㎝ぐらいの花を、10〜20個横向きにつける。

イワブクロ（岩袋）

ゴマノハグサ科→オオバコ科
イワブクロ属
花期：7〜8月

北海道、本州の北部に分布する多年草。高山帯の砂礫地や岩場に生える。高さ5〜20㎝。葉は長さ3〜8㎝の卵状楕円形で、基部は茎を抱く。花は淡紅紫色で、長さ2.5㎝ぐらい。

ウルップソウ（得撫草）

ウルップソウ科→オオバコ科
ウルップソウ属
花期：7〜8月

北海道の礼文島、本州の八ヶ岳、北アルプスに分布する多年草。岩場や礫地に生える。高さ15〜25㎝。葉は長さ約10㎝の広卵形で、厚くて艶がある。花は長さ1.1〜1.2㎝で青紫色。

ホソバウルップソウ（細葉得撫草）

ウルップソウ科→オオバコ科
ウルップソウ属
花期：7〜8月

北海道の大雪山に分布する多年草。湿った砂礫地に生える。高さ10〜15㎝。株元につく葉は、狭卵形から長楕円状披《ひ》針形《しんけい》。茎につく葉は、卵形から広卵形。紫色の小花を円柱状につける。

シオガマギクの仲間

ゴマノハグサ科→
ハマウツボ科
シオガマギク属

多年草または一年草で、茎は直立または斜上、あるいは匍《ほ》匐《ふく》する。葉は羽状に深く裂けるものが多い。花は総状または穂状につく。高山に自生する主なものに下記のものがある。

1

2

1 エゾシオガマ

（蝦夷塩竈）

花期：7〜9月

高さ20〜50㎝。葉は長さ2〜6㎝の三角状披《ひ》針《しん》形《けい》。黄白色の唇《しん》形《けい》花《か》を1個つける。北海道、本州中部以北に分布。

2 タカネシオガマ

（高嶺塩竈）

花期：7〜8月

高さ10〜20㎝。葉は茎の途中に3〜4枚輪生する。花は紅紫色の花が輪生状に咲く。北海道、本州の中部に分布。

3

4

3 ミヤマシオガマ

（深山塩竈）

花期：7〜8月

高さ　5〜15㎝。花は鳥のくちばしのような花を輪生状につける。花色は紅紫色。北海道、本州の中部地方に分布。

4 キバナシオガマ

（黄花塩竈）

花期：7〜9月

高さ10〜20㎝。黄花が10〜20個つく。花は唇形で、下唇弁が3裂する。北海道の大雪山特産。

5

6

5 ヨツバシオガマ

（四葉塩竈）

花期：7〜8月

高さ10〜40㎝。葉4枚を輪生する。夏に紅紫色の唇形花を、茎の上部につける。北海道、本州中部以北に分布。

6 クチバシシオガマ

（嘴塩蒲）

花期：7〜8月

ヨツバシオガマの変種。花の上唇弁は途中でくびれて急に細くなり、くちばしのようになる。本州中部に分布。

7 トモエシオガマ（巴塩竈）

花期：7〜9月

花が茎の上部に集まって巴状になる。本州の中部以北に分布。

7

ムシトリスミレ（虫取菫）

タヌキモ科
ムシトリスミレ属
花期：7〜8月

北海道、本州の中部以北、四国に分布する多年生の食虫植物。湿った草地や岩壁に生える。高さ5〜15cm。葉は長さ3〜5cmの長楕円形で腺毛《せんもう》があり、粘液を出す。花は唇形《しんけい》で、細長い距《きょ》をもつ。花色は紫色。

タカネオミナエシ（高嶺女郎花）

オミナエシ科→
スイカズラ科
オミナエシ属
花期：7〜8月

北海道に分布する多年草。砂礫《されき》地に生える。高さ7〜15cm。茎は直立。株元にある葉は長い柄があり、浅く羽状に裂ける。花は径0.4cmの黄色の小花で、花茎の先に多数集めて順に咲く。

シャジンの仲間

キキョウ科
ツリガネニンジン属
花期：8〜9月

ツリガネニンジン属は、アジアからヨーロッパにかけて50種ほど分布する多年草。日本には10種ほどあるが、高山に自生するものとしては、下記のものがある。

❶ ミヤマシャジン
（深山沙参）
ヒメシャジンの変種。がく片が披針形《ひしんけい》。本州の近畿地方以北に分布。

❷ ヒメシャジン
（姫沙参）
高さ20〜40cm。茎が直立する。がく片が線形。花色は紫色。花の長さ1.5〜2.5cm。本州の中部以北に分布。

❸ ハクサンシャジン
（白山沙参）
ツリガネニンジンの高山型。高さ30〜60cm。花は広鐘形で、花色は青紫色。北海道、本州の中部以北に分布。

❹ ホウオウシャジン
（鳳凰沙参）
高さ10〜30cm。茎葉が細く下垂する。花色は青紫。南アルプスの鳳凰三山に分布。

❶

❷

❸

❹

イワギキョウ （岩桔梗）

キキョウ科
ホタルブクロ属
花期：7〜8月

北海道、本州の中部以北に分布する多年草。礫地《れきち》に生える。高さ5〜15㎝。葉は倒披針形《とうひしんけい》で、長さ2〜7㎝。花は長さ2〜2.5㎝の鐘形で、青紫色。チシマギキョウの花には長い毛があるが、本種は無毛。

チシマアザミ （千島薊）

キク科
アザミ属
花期：7〜9月

北海道に分布する多年草。高山から平地の原野に生える。高さ100〜200㎝。葉は長さ17〜35㎝。縁にとげがあり、羽状に裂けたり、裂けなかったりする。花は長さ1.5〜1.7㎝の紅紫色で、下向きにつく。

ウサギギク （兎菊）

キク科
ウサギギク属
花期：7〜8月

北海道、本州の中部以北に分布する多年草。高山の草地に生える。高さ15〜35㎝。全体に縮れた毛を密生する。葉は対生《たいせい》または互生《ごせい》し、長さ5〜13㎝のへら形。夏に径4〜4.5㎝の黄花をつける。

チシマギキョウ （千島桔梗）

キキョウ科
ホタルブクロ属
花期：7〜8月

北海道、本州の中部以北に分布する多年草。礫地に生える。高さ5〜15㎝。葉は倒披針形で、長さ2〜7㎝。花は青紫色の鐘形で、先が5つに裂け、縁に白い毛がある。花の長さ2〜2.5㎝。

チョウカイアザミ （鳥海薊）

キク科
アザミ属
花期：8月

山形と秋田の県境にある鳥海山特産の多年草。高山の草原に生える。高さ35〜50㎝。花は径5〜6㎝と大きく、花色もほかのアザミにはない独特の赤黒色をしている。花は下向きに咲く。

タカネコンギク （高嶺紺菊）

キク科
シオン属
花期：8〜9月

本州中部の南アルプス特産の多年草。草地に生える。高さ35〜60㎝。葉は長さ4〜7㎝の卵状長楕円形で、まばらに鋸歯《きょし》がある。花は径2〜2.5㎝の淡紫色で、茎の先に1個つける。

ウスユキソウの仲間

キク科
ウスユキソウ属
花期：7～8月

ウスユキソウ属はヒマラヤ、中国を中心に50種ほど分布する多年草。日本の高山には、主に下記のものが原産している。

1 エゾウスユキソウ
（蝦夷薄雪草）

別名：レブンウスユキソウ

高さ13～30cm。茎の先に、綿毛で覆われた星形の葉をつけ、径約0.6cmの花を5～20個つける。北海道に分布。

2 ミヤマウスユキソウ
（深山薄雪草）

別名：ヒナウスユキソウ

高さ6～15cm。全体が灰白色の綿毛で覆われる。夏に4～10個の花をつける。本州の北部に分布。

3 ホソバヒナウスユキソウ
（細葉雛薄雪草）

ミヤマウスユキソウの変種で、葉は幅 0.1～0.5 cmと細長い。至仏山、谷川岳の岩場に分布。

4 ミネウスユキソウ
（嶺薄雪草）

ウスユキソウの高山型。高さ10cmぐらい。葉は披針形から長楕円形で、先がとがる。本州中部に分布。

5 ハヤチネウスユキソウ
（早池峰薄雪草）

高さ10～20cm。夏に径0.7～0.9cmの花を4～8個つける。早《はや》池《ち》峰《ね》山《さん》に分布。

1

2

3

4

5

ミヤマタンポポ（深山蒲公英）

キク科
キク属
花期：7～8月

加賀の白山、北アルプス、戸隠などの中部地方など、日本海側に分布する多年草。高山帯の草原に生える。葉は長さ6～30㎝の舌状。花は濃黄色で、径約4㎝。

オクキタアザミ（奥北薊）

キク科
トウヒレン属
花期：7～8月

鳥海山と焼石岳に分布する多年草。アザミの名がつくが、トウヒレンの仲間。葉は卵形で先がとがり、縁に鋸歯《きょし》がある。花は淡紫色。数個かたまって茎の先端につく。

クモマニガナ（雲間苦菜）

キク科
ニガナ属
花期7～8月

北海道、本州の中部以北に分布する多年草。ニガナの高山変種で、高山帯から亜高山帯の岩場に生える。高さ10～30㎝。花は黄色い舌状花を11個つける。

ウスユキトウヒレン（薄雪唐飛廉）

キク科
トウヒレン属
花期：8～9月

北海道に分布する多年草。草原や砂《さ》礫地《れきち》に生える。高さ6～10㎝。全体に縮れた毛があり、白っぽく見える。花は筒状の紫色。夏に茎の先端に花を散房状に4～8個つける。

クロトウヒレン（黒唐飛廉）

キク科
トウヒレン属
花期：8～9月

山形県から石川県の日本海側に分布する多年草。高山帯の草原に生える。高さ35～65㎝。葉は卵形または披《ひ》針形《しんけい》で先がとがる。茎の先にほとんど花柄のない花を2～3個つける。花色は暗紫色。

トウゲブキ（峠蕗）

キク科
メタカラコウ属
花期：7～8月

北海道と本州の東北地方に分布する多年草。草原に生える。高さ50～80㎝。葉は長さ5～13㎝の腎状卵形から心形。夏に径4～5㎝の黄色の花を散房状につける。舌状花は7～12個。

ミヤマコウゾリナ（深山剃刀菜）

キク科
ヤナギタンポポ属
花期：7～8月

本州の中部以北に分布する多年草。高山帯のやや乾いた草原に生える。高さ約30cm。長い倒卵形の葉が互生し、基部が茎を抱く。夏に径1.5～2cmの花が数個つく。舌状花は黄色。

タカネヤハズハハコ（高嶺矢筈母子）

キク科
ヤマハハコ属
花期：8月

北海道、本州の中部以北に分布する多年草。高山の乾いた草原や岩場に生える。高さ10～20cm。全体に白い綿毛が密生している。夏に約1cmの球形の花を散房状につける。球形の下半分は紅色を帯びる。

タカネアオヤギソウ（高嶺青柳草）

ユリ科→
シュロソウ科
シュロソウ属
花期：7～8月

北海道、本州の中部以北に分布する多年草。高山帯から亜高山帯のやや乾いた草地や礫地《れきち》に生える。高さ20～40cm。葉は線状披針形、高く伸びた花茎の上部に淡黄緑色の花をつける。

タカネシュロソウ（高嶺棕櫚草）

ユリ科→
シュロソウ科
シュロソウ属
花期：7～8月

北海道から本州に分布する多年草。高さ20～40cm。葉は線状披針形で先がややとがる。花弁は6枚で、楕円形から倒披針形。円錐状にまばらにつく。花茎には白い軟毛がある。花色は赤褐色。

チシマアマナ（千島甘菜）

ユリ科
チシマアマナ属
花期：6～8月

北海道、本州の中部以北に分布する多年草。岩礫地や草地に生える。高さ5～15cm。株元にある2枚の葉は、長い線形。茎につく葉は短い線形で、2～4枚互生する。花は白色で、淡紅紫色の条《すじ》が入る。

チシマゼキショウ（千島石菖）

ユリ科→
チシマゼキショウ科
チシマゼキショウ属
花期：6～8月

北海道、本州の中部以北に分布する多年草。高さ5～15cm。株元の葉は長さ3～8cmの線形。花茎には短い葉が1～2枚つく。糸のような花弁は長さ0.2～0.3cmで、総状につく。

ミヤマクロユリ（深山黒百合）

ユリ科
バイモ属
花期：7～8月

北海道から本州に分布する多年草。日当たりのよい草地に生える。高さ10～20㎝。葉は長楕円状披《ひ》針形《しんけい》で、茎の上部に2～3段輪生する。花は暗紫褐で、下向きに咲く。内側に黄色い斑点がある。

オゼソウ（尾瀬草）

ユリ科→
サクライソウ科
オゼソウ属
花期：7～8月

北海道の天塩山地、本州の至仏山、谷川岳の蛇紋岩地帯に生える多年草。長さ3～20㎝で線形の葉が、株元から束生する。基部は半筒状の柄になる。10～20㎝の花茎に黄白色の小花を総状につける。

ミヤマラッキョウ（深山辣韮）

ユリ科→ネギ科
ネギ属
花期：7～8月

北海道、本州の岩手県、山形県、長野県の高山に分布する多年草で、日のよく当たる草地や礫地に生える。高さ20～40cm。葉は線形で、夏に葉の間から花茎を伸ばし、帯紅色の小花を多数、球状につける。

オオカサスゲ（大笠菅）

カヤツリグサ科
スゲ属
花期：6～8月

北海道、本州の中部以北に分布する多年草。湿地に生える。高さ60～100㎝。茎の上方にある3～7個の小穂は雄性で、形は線形。下方につく2～5個の小穂が雌性で長円柱形。

ミヤマクロスゲ（深山黒菅）

カヤツリグサ科
スゲ属
花期：6～8月

北海道、本州の中部以北に分布する多年草。高山の礫《れき》地《ち》や草原に生える。高さ10～40㎝。葉は線形で、幅0.3～0.5㎝。花穂は3～5個つき、最上部にあるのが雄性になる。色は紫褐色から黒紫色。

アシボソスゲ（足細菅）

カヤツリグサ科
スゲ属
花期：6～8月

本州の日本海側の高山草原に生える多年草。高さ20～70㎝。葉は線形で幅0.3～0.5㎝。夏に花穂を出す。茎の上部にあるのが雄性で線状長楕円形、茎のわきに出るのが雌性で円柱形。色は濃紫褐色。

レブンアツモリソウ（礼文敦盛草）

ラン科
アツモリソウ属
花期：5～6月

北海道の礼文島特産の多年草。海岸の草地に生える。高さ25～40㎝。葉は長楕円形で、3～5枚を互生する。花は淡黄白色。唇《しん》弁《べん》は長さ3.5～5㎝の大きな袋状で、側花弁は広卵形で、先が短くとがる。

タカネサギソウ（高嶺鷺草）

ラン科
ツレサギソウ属
花期：7～8月

北海道、本州の中部以北に分布する多年草。湿りけのある草原に生える。高さ10～15㎝。葉は広卵形から広楕円形。1～4枚が斜め上向きにつく。花は黄緑色で、5～10個をまばらにつける。

ハクサンチドリ（白山千鳥）

ラン科
ハクサンチドリ属
花期：6～8月

北海道、本州の中部以北に分布する多年草。高山帯から亜高山の森林下や林縁に生える。高さ10～40㎝。倒披針形の葉を3～6枚互《ご》生《せい》する。花は径1.5㎝ぐらいの紅紫色。唇弁はくさび形で、先が3つに裂ける。

キソチドリ（木曽千鳥）

ラン科
ツレサギソウ属
花期：7～8月

北海道、本州の中部以北に分布する多年草。高山の針葉樹林下に生える。高さ15～30㎝。葉は長さ3～6㎝の卵形で、茎の下部に1枚つく。花は淡緑色。距《きょ》の長さ0.6～1㎝。5～15個を穂状につける。

テガタチドリ（手形千鳥）

ラン科
テガタチドリ属
花期：7～8月

北海道、本州の中部以北に分布する多年草。亜高山帯から高山帯の草地に生える。高さ30～60㎝。葉は広線形で長さ10～20㎝。4～6枚互生する。花は唇弁が3つに裂けた淡紅紫色で、穂状につける。

ウズラバハクサンチドリ
（鶉葉白山千鳥）

ラン科
ハクサンチドリ属
花期：6～8月

北海道、本州の中部以北に分布する多年草。高山帯から亜高山の森林下や林縁に生える。高さ10～40㎝。倒披針形の葉を3～6枚互生する。花もハクサンチドリに準じるが、葉に暗紫色の斑点がある。

ラセイタソウ（羅背板草）

イラクサ科
カラムシ属
花期：7〜11月

北海道、本州の近畿以北に分布する多年草。高さ15〜50㎝。葉は対《たい》生《せい》で、長さ6〜15㎝の広卵状楕円形。厚みがあって葉脈がへこみ、ごわごわしている。葉のわきに、雌雄別々の小さな花をつける。

ツルソバ（蔓蕎麦）

タデ科　イヌタデ属　花期：5〜11月

伊豆七島、紀伊半島、四国から沖縄に分布する多年草。茎はつる状に長く伸びる。葉は長さ5〜10㎝の卵状楕円形で、先がとがる。小花を多数つけ、花後、花弁が黒く肥厚して、種を包む。

ウスベニツメクサ（薄紅爪草）

ナデシコ科
ウシオツメクサ属
花期：4〜10月

ユーラシア原産の帰化植物。北海道、本州の海岸に帰化している。高さ5〜30㎝。茎が地面を這うように伸びる、葉は肉厚の線形で、輪生状につく。花は淡紅紫色の5弁花で、葯《やく》は黄色。

ハマナデシコ （浜撫子）

ナデシコ科　ナデシコ属　花期：7～9月

本州から沖縄に分布する多年草。高さ15～50㎝。葉は対生《たいせい》で、長さ4～8㎝の長楕円形。葉は厚くて光沢がある。茎の先に紅紫色の5弁花を多数つける。花弁は長さ0.6㎝の倒卵形で、先端が細かく裂ける。

ハマハコベ （浜繁縷）

ナデシコ科　ハマハコベ属　花期：6～9月

北海道、本州の主に日本海側に分布する多年草。高さ10～30㎝。茎は地上を這い、上部が立ち上がる。葉は長さ1～4㎝の長楕円形で、十字形に対生する。花は径約1㎝の白色で、花弁は5枚。

エゾイヌナズナ （蝦夷犬薺）

アブラナ科　イヌナズナ属　花期：6～7月

北海道の海岸に分布する多年草。岩上に生える。高さ4.5～22㎝。株元の葉は倒披針形、茎につく葉は卵形から長楕円形。白い小花を茎の先に複数つける。花弁は先がくぼんだ倒披針形で、長さ約0.5㎝。

ヒメハマナデシコ （姫浜撫子）

ナデシコ科
ナデシコ属
花期：4～9月

本州の和歌山県、四国の愛媛県、九州に分布する多年草。砂浜に生える。高さ10～30㎝。葉は対生で、長さ1～3㎝の狭長楕円形から倒披針形《とうひしんけい》で、先端がとがる。花は紅紫色の5弁花で、集散状につく。

フタマタイチゲ （二又一華）

キンポウゲ科
イチリンソウ属
花期：6～7月

北海道の海岸や湿地に生える多年草。高さ40～80㎝。茎は直立し、上部は又状に分枝し、茎の先に1個ずつ花をつける。葉は対生で、深く3つに裂ける。花弁に見えるのはがく片で5枚つく。

トモシリソウ （友知草）

アブラナ科
トモシリソウ属
花期：6～7月

北海道東部の海岸に生える二年草。高さ5～30㎝。葉は多肉質。株元にある葉は長い柄のある腎心形。茎につく葉は楕円形または卵形。白い小花を咲かせる。花弁は長さ0.3㎝の広楕円形。

ムラサキベンケイソウ（紫弁慶草）

ベンケイソウ科
ムラサキベンケイソウ属
花期：8～9月

北海道の海岸に分布する多年草。高さ20～40cmになる。全体に無毛で肉質。葉は互《ご》生《せい》し、長さ3～6cmの狭卵形から長楕円形。粉を帯びたように白っぽい。夏に茎の先に淡紫色の小花を密につける。

タイトゴメ（大唐米）

ベンケイソウ科
メンネングサ属
花期：5～7月

本州の関東以西から九州に分布する多年草。海岸の岩上に生える。高さ5～7cm。茎は肉質で、盛んに分枝する。葉は互生で、長さ0.3～0.7cmの倒卵状楕円形。茎の先に径約1cmの黄色い5弁花をつける。

エゾツルキンバイ（蝦夷蔓金梅）

バラ科
キジムシロ属
花期：6～7月

北海道、本州の北部に分布する多年草。塩分を含んだ湿地に生える。高さ20～30cm。長い枝を這わせて広がる。葉は複葉で、小葉は長楕円形で鋸《きょ》歯《し》がある。花は黄色の5弁花で、径2～3cm。

チシマキンバイ（千島金梅）

バラ科
キジムシロ属
花期：6～8月

北海道に分布する多年草。海岸の岩の上などに生える。高さ10～30cm。全体に長い毛が密生する。葉は3小葉で、小葉は長さ3～4cmの広卵状くさび形。花は径3～4cmの黄花で、3～7個、散房状につく。

テリハノイバラ（照葉野薔薇）

バラ科
バラ属
花期：6～7月

日本全土に分布する落葉低木。高さ10～40cm。イバラの仲間で、葉に光沢があり、地面を這って伸びる。葉は複葉で、小葉は広楕円形で、葉が重なり合うようにつく。花は白色の5弁花で、花径3～3.5cm。

ハマナス（浜茄子）

バラ科
バラ属
花期：5～8月

北海道、本州の鳥取県、茨城県以北に分布する落葉低木。砂地に生える。高さ100～150cm。葉は複葉で、小葉は長さ2～4cmの長楕円形。径6～10cmの濃桃色の花が咲き、花後に球形の実を赤熟する。

センダイハギ（先代萩）

マメ科
センダイハギ属
花期：5～8月

北海道、本州の中部以北に分布する多年草。海岸や草原に生える。高さ40～80㎝。葉は互生し、3出複葉。小葉は長さ3.5～7㎝。初夏から夏に、蝶形の黄色い小花を総状に多数つける。花後に豆果をつける。

ハマナタマメ（浜鉈豆）

マメ科
ナタマメ属
花期：6～8月

本州の千葉県、山形県以西から沖縄に分布するつる性多年草。茎は長さ500㎝以上で、砂地を這うように広がる。小葉は広楕円形。葉のわきから長い柄を出して、淡桃色の蝶形花を多数つける。

エゾフウロ（蝦夷風露）

フウロソウ科
フウロソウ属
花期：7～8月

北海道、本州の中部以北に分布する多年草。海岸から山地の草原に生える。高さ30～60㎝。全体に長い毛がある。葉はやや深く切れ込んだ掌《しょう》状《じょう》。分枝した茎の先に、径3㎝ほどの淡紅色の花をつける。

ハマフウロ（浜風露）

フウロソウ科　フウロソウ属　花期：7～9月

北海道、本州の東北地方に分布する多年草。海岸の草原に生える。高さ30～80㎝。茎の下につく葉は、5角状偏円形で、切れ込みは浅い。分枝した茎の先に、径2.5～3㎝ほどの淡紅色の花をつける。

ウミミドリ（海緑）

サクラソウ科
ウミミドリ属
花期：7～8月

北海道、本州の北部に分布する多年草。海岸の湿地に生える。高さ10～20㎝。茎は多肉質で円柱形。葉は長さ0.6～1.5㎝の卵形で、厚みがあり、光沢がある。花は径1㎝ほど。花色は淡紅色または白色。

モロコシソウ（唐土草）

サクラソウ科
オカトラノオ属
花期：7～8月

本州の関東南部から沖縄に分布する多年草。暖地の海岸近くの林内に生える。高さ30～80㎝。葉は互生し、長楕円形で、先と基部がとがる。夏に径1～1.2㎝の黄花を下向きにつける。

マツヨイグサの仲間

アカバナ科
マツヨイグサ属

この仲間はいずれも帰化植物。日本各地の海岸や河原、荒れ地などに帰化している。

▶**見分け方**　葉が羽状に裂けるものと、裂けないものがあるなど、葉の形で見分ける。また、花弁の間のすき間のあるなしもポイントに。

1 マツヨイグサ
（待宵草）

花期：5～8月

南アメリカ原産の多年草。高さ30～90㎝。葉は線状披《ひ》針《しん》形《けい》。花は径4㎝ほどの黄花で、しぼむと黄赤色になる。

2 オオマツヨイグサ
（大待宵草）

花期：7～9月

北アメリカ原産の二年草。高さ80～150㎝。茎が1本立ちして、上部に多くの花をつける。花は径8㎝。

3 コマツヨイグサ
（小待宵草）

花期：5～11月

アメリカ原産の二年草。茎が地面を這い、葉が羽状に切れ込む。花は径約1㎝。

4 メマツヨイグサ
（雌待宵草）

花期：6～8月

北アメリカ原産の二年草。高さ30～150㎝。花は径4～5㎝。花弁の間にすき間ができることが多い。

エゾノシシウド（蝦夷猪独活）

セリ科
エゾノシシウド属
花期：6～8月

北海道、本州の東北地方に分布する多年草。海岸や草原などに生える。高さ100～150㎝。葉は2回3出羽状複葉で、小葉は卵形。厚みがあり、葉脈がはっきりしている。白い小花が集まって散形につく。

ボタンボウフウ（牡丹防風）

セリ科
カワラボウフウ属
花期：7～9月

本州の関東以西から沖縄に分布する多年草。砂地に生える。高さ60～100㎝。葉は1～3回羽状複葉で、小葉は倒卵形で先が2～3つに裂ける。葉は白っぽい緑色。白い小花を複散形に多数つける。

ハマボウフウ （浜防風）

セリ科
ハマボウフウ属
花期：6～7月

日本全土に分布する多年草。海岸の砂地に生える。高さ10～40cm。葉は肉厚の2回3出複葉で、小葉の縁に鋸《きょ》歯《し》がある。小さな白花を集めて、直径10～20cmの花のかたまりになる。

ヒメイヨカズラ （姫伊予蔓）

ガガイモ科→
キョウチクトウ科
カモメヅル属
花期：4～8月

九州南部から沖縄に分布する多年草。草地に生える。高さ20～40cm。茎は直立し、広楕円形の葉を密につける。花は径0.6～0.7cmで、花冠の先が5つに裂ける。花色は淡黄色。

グンバイヒルガオ （軍配昼顔）

ヒルガオ科　サツマイモ属　花期：5～9月

四国から沖縄に分布する多年草。砂地に生える。茎が地面を這って伸びる。葉は長さ3～8cmの腎心形で先端が切れ込み、軍配の形に似る。花は径6cmの漏《ろう》斗《と》形《けい》で、花色は淡紅紫色。

スナビキソウ （砂引草）

ムラサキ科　スナビキ属　花期：5～8月

北海道から九州に分布する多年草。海岸の砂地に生える。高さ約30cm。葉は互《こ》生《せい》で、披針状長楕円形。花は径0.8cmほどの白色で、中心が黄色を帯びる。花冠《かかん》の先が5つに裂け、平らに開く。

ハマベンケイソウ （浜弁慶草）

ムラサキ科
ハマベンケイソウ属
花期：7～8月

北海道、本州の日本海側と三陸海岸に分布する多年草。全体に多肉質で、白緑色をしている。茎は長さ100cmほど。葉は互生で、長さ3～8cmの倒卵形。花は長さ0.8～1.2cmの鐘形で、花色は青紫色。

イワダレソウ （岩垂草）

クマツヅラ科
イワダレソウ属
花期：7～10月

本州の関東南部以西から沖縄に分布する多年草。茎が地面を這い、節から根を出して広がる。葉は対《たい》生《せい》で、長さ1～4cmの倒卵形。葉のわきから花茎を出して、円柱状の花穂をつける。花色は紅紫色。

ナミキソウ（浪来草）

シソ科
タツナミソウ属
花期：6～9月

北海道から九州に分布する多年草。砂地や岩場に生える。高さ10～40cm。葉は対生《たいせい》で、長さ1.5～3.5cmの長楕円形。花は紫色の唇形花《しんけいか》で、茎の上部にある葉のわきに2個つける。花の長さ2～2.2cm。

トウテイラン（洞庭藍）

ゴマノハグサ科→
オオバコ科
ルリトラノオ属→
クワガタソウ属
花期：8～9月

本州の京都府から鳥取県の日本海側に分布する多年草。高さ50～60cm。全体に白毛が生え、緑白色。葉は対生で、長さ5～10cmの披針形《ひしんけい》。茎の先に青紫色の花を集めて、穂状に咲く。

シマホタルブクロ（島蛍袋）

キキョウ科
ホタルブクロ属
花期：6～7月

ホタルブクロ（112ページ）の変種。本州の伊豆七島、関東南部の海岸に分布する多年草。全体に毛が少ない。花は小型で径約3cm。花弁は白色で斑点が少ないか、まったくない。

ウンラン（海蘭）

ゴマノハグサ科→
オオバコ科
ウンラン属
花期：8～10月

北海道、本州の千葉県以北の沿岸に分布する多年草。高さ20～40cm。株全体が粉白色を帯びる。茎は地上を這い、斜上する。葉は肉質で、輪生する。花は黄花で、細長い距《きょ》がある。

エゾオオバコ（蝦夷大葉子）

オオバコ科
オオバコ属
花期：5～8月

北海道、本州、九州の日本海側に分布する多年草。全体に白毛が生え、緑白色。葉は長さ5～20cmの長楕円形。春から夏に高さ15～30cmの花茎を出し、白色の花を穂状に密につける。

ハマアザミ（浜薊）

キク科　アザミ属　花期：6～12月

本州の伊豆半島以西から九州に分布する多年草。海岸の砂地に生える。高さ15～60cm。株元の葉は長さ15～35cmで、羽状に裂ける。茎につく葉の基部は、茎を抱かない。花は幅3～4cmの紅紫色。

シコタンタンポポ （色丹蒲公英）

キク科
タンポポ属
花期：6〜7月

北海道東部の海岸に分布する多年草。高さ30〜50㎝。葉は卵状長楕円形で羽状に切れ込む。夏に花茎の先に、径5㎝の黄花をつける。花は舌状花だけでできている。総《そう》苞《ほう》は反り返らない。

オオハマグルマ （大浜車）

キク科
ハマグルマ属
花期：4〜9月

本州の紀伊半島、四国、九州、沖縄に分布する多年草。海岸の砂地に生える。葉は長さ3〜12㎝の卵形で、厚みがある。花はふつう3個つける。花径2〜2.5㎝。花色は黄色。

アサツキ （浅葱）

ユリ科→ネギ科
ネギ属
花期：5〜7月

北海道から四国に分布する多年草。海岸や山地の草原に生える。高さ30〜50㎝。葉は細い円筒形で中空。春から夏に花茎を出して、淡紅紫色の花をつける。

キタノコギリソウ （北鋸草）

キク科
ノコギリソウ属
花期：7〜10月

北海道、本州の中部以北に分布する多年草。海岸や野原に生える。高さ50〜80㎝。葉は2回羽状に裂ける。花は舌状花が6〜8個集まったもので、花色は白色から淡紅色。花《か》冠《かん》の長さ約0.6㎝。

ネコノシタ （猫の舌）

キク科　ハマグルマ属　花期：7〜10月

本州の関東、北陸以西から沖縄に分布する多年草。海岸の砂地に生える。葉は対《たい》生《せい》で、長さ1.5〜4.5㎝の長楕円形。厚く、短い剛毛があってざらつく。花は径約2㎝の黄花で、茎の先に1個つける。

エゾクロユリ （蝦夷黒百合）

ユリ科
バイモ属
花期：6月

ミヤマクロユリ(152ページ）と同じ仲間。北海道以北の低地（海岸）に分布するものをエゾクロユリと呼ぶ。ミヤマクロユリに比べ、全体に大柄で、花を3〜7個つける。

スカシユリ（透かし百合）

ユリ科
ユリ属
花期：6～8月

本州の紀伊半島、新潟県以北に分布する多年草。海岸の砂地や岩場に生える。高さ20～60cm。葉は長さ4～10cmの披《ひ》針《しん》形《けい》。夏に茎の上部に黄赤色の花を1～4個つける。花には濃い色の斑点がある。

エゾキスゲ（蝦夷黄菅）

ユリ科→
ワスレグサ科
ワスレグサ属
花期：6～8月

北海道、南千島に分布する多年草。海岸の草地や砂地に生える。高さ50～80cm。葉は長さ20～70cmの線形。茎の先に、鮮やかな黄色の花を4～12個つぎつぎと開く。花は一日花。

コバンソウ（小判草）

イネ科
コバンソウ属
花期：7～9月

ヨーロッパ原産の一年草。帰化植物。本州中部以南の海岸近くで、特に多く野生化している。高さ30～60cm。葉は長さ約8cmの線状長披針形。各枝先に長さ1～2cmの小穂を垂れ下げる。

ハマカンゾウ（浜萱草）

ユリ科→
ワスレグサ科
ワスレグサ属
花期：7～10月

本州の関東地方南西部以西から九州に分布する多年草。ノカンゾウ（80ページ）に似るが、葉は常緑で厚みがあり、緑色も濃い。花は橙黄色から橙赤色で、長さ10～12cm。

ハマオモト（浜万年青）

別名：ハマユウ
ヒガンバナ科
ハマオモト属
花期：7～9月

本州の関東南部以南から沖縄に分布する多年草。高さ50～80cm。葉は常緑で、長さ40～70cm、幅5～10cm。夏から初秋に花茎を出し、芳香のある白花を散形に多数つける。

エゾチドリ（蝦夷千鳥）

ラン科
ツレサギソウ属
花期：7～8月

北海道、千島に分布する多年草。海岸近くの草地に生える。高さ20～50cm。葉は長楕円形で、2枚の葉が向き合うようにつく。花は緑色を帯びた白色で、茎の先にまとまって咲く。

秋&冬の山野草

ヤマベノギク

カナムグラ（鉄葎）

クワ科
カラハナソウ属
花期：9～10月

北海道から九州、奄美大島にかけて分布するつる性の一年草。原野、畑地などに多い。つるの長さは200～300cm。5～7裂する掌状葉《しょうじょうよう》で、茎はざらつき、とげが多い。雌《し》雄《ゆう》異《い》株《しゅ》で、雄花穂は円錐花序につく。

シロバナサクラタデ（白花桜蓼）

タデ科
イヌタデ属
花期：8～11月

北海道から沖縄に分布する多年草。湿地、原野、河原などに多い。高さ50～100cm。葉は披《ひ》針《しん》形《けい》で托葉をもち、縁には長毛が生える。花は白色で、総状花序の先端が垂れる。

オオイヌタデ（大犬蓼）

タデ科
イヌタデ属
花期：8～10月

北海道から九州の道ばたや荒れ地に生える一年草。高さ100～200cm。茎はよく分枝し、節はふくれて赤みを帯びる。葉は披針形。花穂は長さ3～10cm。花はなく、がくは淡紅色または白色。

オオケタデ（大毛蓼）

タデ科　イヌタデ属　花期：8～11月

中国、インド原産の一年草。帰化植物。日本全土の河原や空き地などに生える。高さ100～200㎝。葉は互《ご》生《せい》し、卵形。観賞価値の高い紅色から淡紅色の小花を穂状に密につけ、花穂は垂れ下がる。

ヤブマメ（藪豆）

マメ科
ヤブマメ属
花期：8～10月

北海道から九州に分布。道ばた、野原、林縁などに生えるつる性の一年草。つるの長さ100～150㎝。葉は互生し、3出複葉で小葉は卵形。葉のわきから花穂を出し、淡紫色の蝶形花を数個つける。

アカザ（藜）

アカザ科→ヒユ科
アカザ属
花期：9～10月

日本全土の原野や田畑、草原、礫地などに生える一年草。高さ100～150㎝。葉は菱形状の卵形で縁に波形の切れ込みがある。若葉は赤紫。葉腋から穂状花序を出し、黄緑色の花を咲かせる。

シロザ（白藜）

別名：シロアカザ
アカザ科→ヒユ科
アカザ属
花期：9～10月

日本全土の原野や田畑、草原などに生える一年草。高さ60～120㎝。葉はアカザよりやや幅が狭く、上部の葉は披針形。若葉は葉の基部が白い。花は黄緑色の小花。

イノコズチ（猪子槌）

別名：ヒカゲイノコズチ
ヒユ科
イノコズチ属
花期：8～10月

本州、四国、九州に分布。人里、田畑、道ばたなどに生える多年草。高さ50～150㎝。葉は対《たい》生《せい》し長楕円形。穂状花序を出し、緑色の小花をつける。

ヒナタイノコズチ（日向猪子槌）

ヒユ科
イノコズチ属
花期：8～10月

本州から九州の日当たりのよい道ばた、荒れ地に生える多年草。高さ50～100㎝。葉は対生し、楕円形でイノコズチに似るが厚く、全体に毛が多い。花穂はイノコズチより密に小花をつけ、太く見える。

カワラケツメイ（川原決明）

マメ科
カワラケツメイ属
花期：8〜10月

本州から九州に分布し、河原や原野、草原などによく見られる一年草。高さ30〜60㎝。葉は羽状複葉で互《ご》生《せい》し、葉のわきに1〜2花をつける。花は黄色で直径約0.7㎝。豆果は長さ3〜4㎝。

ワレモコウ（吾木香）

バラ科
ワレモコウ属
花期：8〜11月

北海道から九州に分布する多年草。人里、山地、河原、原野などに生える。高さ70〜100㎝。葉は奇数羽状複葉で小葉は長楕円形。枝先に花茎を伸ばし、分岐した先端に暗赤色をした円頭状の花穂をつける。

コシロネ（小白根）

別名：イヌシロネ
シソ科
シロネ属
花期：8〜10月

北海道から九州に分布する多年草で、湿地に生える。茎は高さ20〜80㎝となり、あまり分枝しない。葉は菱状長卵形。葉のわきに小さくて白い唇《しん》形《けい》花《か》を密につける。

アオビユ（青びゆ）

別名：ホナガイヌビユ
ヒユ科
ヒユ属
花期：7〜10月

熱帯アメリカ原産。帰化植物で、日本全土の人里、畑地、原野などに生える一年草。高さ60〜120㎝。葉は互生し卵形。葉のわきから穂状花序を出し、密に小花をつける。

ダンギク（段菊）

クマツヅラ科→
シソ科
カリガネソウ属
花期：9〜10月

九州北部、対馬から中国南部に分布する多年草。茎は直立し、高さ50〜100㎝。葉は卵形で対《たい》生《せい》する。葉のわきから集散花序を出し、青紫色の小花をつける。雄しべが長く突き出るのが特徴。

ハッカ（薄荷）

シソ科
ハッカ属
花期：8〜10月

北海道から九州に分布する多年草で、湿地や溝の縁などに多く自生。高さ40〜80㎝。葉は対生し、楕円形で葉縁にはまばらに鋸《きょ》歯《し》がある。葉のわきに輪状に淡い紅紫色の小花をつける。全草に強い芳香がある。

アキノノゲシ（秋の野芥子）

キク科
アキノノゲシ属
花期：8～11月

日本全土に分布し、日のよく当たる野原や荒れ地に生える一～二年草。高さ60～200㎝。葉は互生し、葉や茎を切ると白い乳液を出す。茎の頂部に、直径2㎝ほどの淡黄色から白色の頭状花をつける。

セイタカアワダチソウ（背高泡立草）

キク科
アキノキリンソウ属
花期：10～11月

北アメリカ原産の帰化植物で、全国の空き地や河原などに生える多年草。高さ200～250㎝。葉は披《ひ》針《しん》形《けい》で互生し、短毛が多くざらつく。大きな傘形の花序にたくさんの黄色い頭花をつける。

ノハラアザミ（野原薊）

キク科
アザミ属
花期：8～10月

東北、関東、中部の各地域に分布する多年草で、山地の草原や林縁に生える。高さ50～100㎝。葉は羽状に中裂し、縁にはとげがある。花は筒状花だけでできた頭状花序で、直径2.5～3㎝。花色は紫色。

オオアレチノギク（大荒地野菊）

キク科
イズハハコ属
花期：8～10月

南アメリカ原産の帰化植物で、東北南部以南の道ばた、荒れ地に生える二年草。高さ100～150㎝。葉は短毛が密生し灰緑色。大きな円錐花序をつくり、多くの花をつける。花径は0.4㎝ほど。

オナモミ（菜耳）

キク科
オナモミ属
花期：8～10月

日本全土の道ばた、荒れ地に生える一年草。ユーラシア大陸の原産で、有史以前に渡来したと思われる。高さ20～100㎝。葉は三角状卵形。黄緑色の頭花をつけ、花後、多数のとげのある実をつける。

イガオナモミ（毬菜耳）

キク科
オナモミ属
花期：8～11月

原産地は不明だが、本州、九州北部に帰化した一年草。高さ50～150㎝。葉は基部に3個のとげがある。葉は卵形で多くは3浅裂する。実にはとげが密に生えるほか、果皮やとげに鱗《りん》片《ぺん》状の毛がある。

オオオナモミ（大葉耳）

キク科
オナモミ属
花期：9〜10月

メキシコ原産の一年草で、全国の道ばた、空き地に生える帰化植物。高さ50〜200cm。茎は褐紫色で、葉面とともにざらつく。葉は広卵形で3〜5浅裂。実には多数のとげがあるが果皮はほとんど無毛。

ノコンギク（野紺菊）

キク科
シオン属
花期：8〜11月

本州、四国、九州の山野にふつうに見られる多年草。高さ50〜100cm。葉は互生《ごせい》し、長楕円形で粗い鋸歯《きょし》があり両面がざらつく。茎の先端に花をつけ、舌状花は淡い青紫色。瘦果《そうか》に長い冠毛がある。

キクイモ（菊芋）

キク科
ヒマワリ属
花期：8〜10月

北アメリカ原産の多年草で、全国的に野生化している帰化植物。高さ150〜300cm。地中につくる塊茎《かいけい》にはイヌリンが含まれ、食用、飼料ともなる。葉は卵形。径6〜8cmのヒマワリに似た花をつける。

ネバリノギク（粘野菊）

キク科
シオン属
花期：8〜11月

北アメリカ原産の多年草で、大正年間に導入された栽培品から帰化。北海道から九州の人里や田畑に生える。高さ30〜150cm。ユウゼンギクより毛が多く、茎に触ると粘りがある。花色は紅紫色。

ホウキギク（箒菊）

キク科
シオン属
花期：8〜10月

北アメリカ原産の一年草で、各地の道ばた、荒れ地などで見かける帰化植物。高さ50〜100cm。よく分枝する草姿が箒を連想させる。葉は互生し線形。頭花は径0.5〜0.6cmと小型で、舌状花は淡紫白色。

フジバカマ（藤袴）

キク科
ヒヨドリバナ属
花期：8〜9月

中国原産ともいい、本州、四国、九州の河原などに分布する多年草だが、現在は減少しつつある。高さ100〜150cm。葉は対生《たいせい》し、葉柄があり、上部ではふつう3裂する。淡紫色の管状花を散状につける。

ユウガギク（柚香菊）

キク科
ヨメナ属→
シオン属
花期：7～10月

本州の近畿地方以東に分布し、草地、道ばたに生える多年草。高さ40～140cm。葉は薄く、浅裂するか羽状に裂ける。頭花は径2.5cmほどで、舌状花は白色で、やや淡青紫色を帯びるものもある。

ヨメナ（嫁菜）

キク科　ヨメナ属　花期：7～10月

本州の中部地方以西、四国、九州に分布する多年草で、やや湿ったところに生える。高さ50～100cm。葉は倒卵形で粗く低い鋸歯がある。若菜は食用となる。頭花は径約3cmで、舌状花は淡紫色。

ヨモギ（蓬）

別名：モチグサ
キク科
ヨモギ属
花期：9～10月

日本全土に分布する多年草で、山野などに生える。若葉を草餅の材料に、乾燥葉からはもぐさが採れる。高さ50～100cm。葉は互生し羽状に深裂する。茎の頂部に淡褐色の花多数つける。

トチカガミ（鼈鏡）

トチカガミ科
トチカガミ属
花期：8～10月

本州、四国、九州、沖縄に分布する浮葉性多年草で、湖沼に群生する。葉は腎形で光沢があり、裏面に浮き袋がある。葉の基部から花柄が伸び、水上に出て咲く。がく片、花弁とも3枚で、花弁は白色。

ヒガンバナ（彼岸花）

別名：マンジュシャゲ
ヒガンバナ科
ヒガンバナ属
花期：9～10月

古い時代に中国から帰化したと考えられる多年草で、日本全土に分布。地下に鱗《りん》茎《けい》をもつ。花茎の高さ30～60cm。葉は線形で、晩秋から早春に現れ夏に枯れる。花は緋赤色。

シラタマホシクサ（白玉星草）

ホシクサ科
ホシクサ属
花期：8～9月

三河湾と伊勢湾に面した静岡県、愛知県、三重県の湿地にだけ生える分布域の狭い一年草。花茎の高さ20～40cm。葉は幅0.1～0.3cmの線形葉。花茎の先端に径0.5～0.6cmの白い綿のような花をつける。

オヒシバ（雄日芝）

イネ科
オヒシバ属
花期：8～10月

本州以南に分布する一年草で、日当たりのよい道ばた、堤防、畑などに生える。高さ30～80㎝。葉は扁平で、柔らかく、光沢はない。花穂は傘形で緑色。

メヒシバ（雌日芝）

イネ科
メヒシバ属
花期：7～11月

日本全土に分布する一年草。畑地の雑草として生える。茎は長く地を這い、高さ10～50㎝になる。葉はやわらかくて扁平で、長さ8～20㎝。花は3～8個に分枝して、線状の花穂になる。

ススキ（薄）

別名：カヤ
イネ科
ススキ属
花期：8～10月

日本全土に分布する多年草。日当たりのよい山地や空き地などに生え、株立ちとなる。高さ100～200㎝。葉は線形で縁は著しくざらつく。長さ20～30㎝の花穂をつける。

チカラシバ（力芝）

イネ科
チカラシバ属
花期：8～11月

日本全土に分布する多年草で、日当たりのよい草地や道ばたなどにふつうに生える。高さ50～80㎝。茎は多数叢生《そうせい》し、葉は線形。花序は長さ10～20㎝の円柱状で、暗紫色の剛毛のある小穂を多数つける。

チヂミザサ（縮み笹）

イネ科
チヂミザサ属
花期：8～10月

日本全土に分布する多年草で、平地、丘陵地の林内などに生える。高さ10～30㎝。葉の形が笹の葉に似て、葉縁が上下に波打っていることが名の由来。長さ15㎝ほどの花序が分枝し、小穂をつける。

ヨシ（葦）

別名：アシ
イネ科　ヨシ属
花期：8～10月

日本全土の沼や川岸に生える多年草。根茎が泥中を這って大群落をつくる。高さ200～400㎝。葉は互生《ごせい》し、長さ20～50㎝、幅2～3㎝と細長い披針《ひしん》形《けい》。長さ15～40㎝の円錐状で暗紫色の花穂をつける。

秋&冬の山野草

山地の花

ミズヒキ（水引）

タデ科
ミズヒキ属
花期：8～10月

北海道から沖縄に分布する多年草。山地の林縁に生える。高さ40～80cm。葉は互《ご》生《せい》し、長さ5～15cmの広楕円形。夏から秋に細い花穂に小花をまばらにつける。花は上半分が赤色、下半分が白色。

シュウメイギク（秋明菊）

別名：キブネギク
キンポウゲ科
イチリンソウ属
花期：9～10月

本州から九州に分布する多年草。山野の林縁に生える。古くに中国から渡来し野生化している。高さ50～80cm。花は径5～7cmで紅紫色。

アキカラマツ（秋落葉松）

キンポウゲ科
カラマツソウ属
花期：7～9月

北海道から九州、南西諸島まで分布する多年草。日当たりのよい山地、原野などに生える。高さ100～150cm。葉は互生し、2～4回3出複葉で小葉は円形から広卵形。円錐花序に淡黄白色の小花を密生する。

サラシナショウマ（晒菜升麻）

キンポウゲ科
サラシナショウマ属
花期：8〜10月

北海道から九州に分布する多年草。山地、明るい林床、草原に生える。高さ40〜150cm。葉は2〜3回3出複葉で、小葉は2〜3裂する。夏から秋に白い小花を花穂状に密につける。

カンアオイ（寒葵）

別名：カントウカンアオイ
ウマノスズクサ科
カンアオイ属
花期：10〜2月

関東から近畿、四国の林床に生える多年草。高さ6〜10cm。葉は互《ご》生《せい》し卵状楕円形。濃緑色で白い斑紋がある。がく筒の先端が3裂してがく裂片となる。

レイジンソウ（伶人草）

キンポウゲ科
トリカブト属
花期：8〜10月

関東地方以西、四国、九州に分布する多年草で、山地や林縁に生える。高さ40〜80cm。株元にある葉は掌《しょう》状《じょう》に5〜7裂する。雅楽を奏する「伶人」の冠に似た花形の淡紫色の花を、総状につける。

ヤマトリカブト（山鳥兜）

キンポウゲ科
トリカブト属
花期：8〜10月

本州の東北から中部に分布する多年草。山地の林縁や林床に生える。高さ80〜150cm。茎が曲がり、葉が互生する。葉は円心形で3〜5つに裂ける。花は青紫色の兜形で、茎の先に多数つける。

ヤッコソウ（奴草）

ヤッコソウ科
ヤッコソウ属
花期：11月

四国（徳島県、高知県）、九州（宮崎県、鹿児島県）、屋久島、種子島、奄美、沖縄に分布する寄生植物で、シイ属の根に寄生する。花茎は高さ4〜7cm。晩秋になると白色の花が上向きに咲く。

ウメバチソウ（梅鉢草）

ユキノシタ科→
ニシキギ科
ウメバチソウ属
花期：8〜10月

北海道から九州に分布する多年草。山地の日当たりのよい湿りけのあるところに生える。高さ10〜50cm。葉は広卵形で、基部が茎を抱く。花は径約2.5cmの白花で、糸状の雄しべがある。

シラヒゲソウ（白髭草）

ユキノシタ科→ニシキギ科　ウメバチソウ属
花期：8～9月
本州から九州に分布する多年草で、湿りけの多い日陰に生える。高さ15～30㎝。根元の葉は長い柄をもち、腎臓形。茎葉には柄はなく、茎を抱く。花径2～2.5㎝。縁が糸状に深く裂ける。

ジンジソウ（人字草）

ユキノシタ科　ユキノシタ属
花期：9～11月
本州の関東地方以西、四国、九州に分布する多年草。渓流沿いや湿りけのある岩壁に生える。花茎の高さ10～35㎝。葉は長い柄をもち、葉身が掌状に深く裂ける。花弁は5個あり、下の2個が大きい。

マツカゼソウ（松風草）

ミカン科　マツカゼソウ属
花期：8～10月
本州の宮城県以南、四国、九州の山地に生える多年草。高さ50～80㎝。葉は3回3出羽状複葉、小葉は倒卵形でやわらかく、裏面は白色を帯びる。枝先に集散花序を出し、白い小花を多数つける。

ダイモンジソウ（大文字草）

ユキノシタ科　ユキノシタ属　花期：7～10月
北海道から九州に分布する多年草。山地などの岩の上に生える。高さ5～40㎝。葉には長い柄があり、葉は長さ3～15㎝の腎円形で、掌状に浅く裂ける。花は5弁の白花で、形が大の字に似る。

ツルフジバカマ（蔓藤袴）

マメ科　ソラマメ属　花期：8～10月
北海道から九州に分布し、日当たりのよい野原に生えるつる性の多年草。つるの長さ200㎝ほど。葉は大きな托葉《たくよう》をもつ羽状複葉で小葉の数はクサフジ(73ページ）より少なく10～16個。花色は紅紫色。

ツリフネソウ（釣船草）

ツリフネソウ科　ツリフネソウ属
花期：8～10月
北海道から九州に分布する一年草で、山麓の薄暗い水辺などに生える。高さ50～80㎝。葉は互生し、広披針《ひしん》形で鋸歯《きょし》がある。茎の先端から細長い花序を伸ばし、長い距《きょ》のある紅紫色の花を数個つける。

ノブドウ（野葡萄）

ブドウ科
ノブドウ属
実熟期：9～10月

日本全土の山野に分布するつる性落葉木本。つるの長さ200～300cm。葉はふつう3つに裂ける。夏に咲く花はヤブガラシ（73ページ）に似る。果実は青や桃色、紫などに色づき光沢もあって美しい。

カリガネソウ（雁金草）

クマツヅラ科
→シソ科
カリガネソウ属
花期：8～9月

北海道から九州の山地に自生する多年草。高さ100cm内外。葉は広卵形で鋸歯があり、対《たい》生《せい》する。葉のわきから集散花序を出し、雁が飛んでいるような形をした青紫色の花をまばらに咲かせる。

センブリ（千振）

リンドウ科
センブリ属
花期：8～11月

北海道南西部から九州に分布する二年草。日当たりのよい草地に生える。高さ5～30cm。茎は暗紫色を帯びる。細長い線形の葉が対生する。花は5弁の白色で、縦に紫色の条《すじ》が入る。

シシウド（猪独活）

セリ科
シシウド属
花期：8～10月

本州、四国、九州に分布する大型の多年草で、日当たりのよい草地などに生える。高さ150～200cm。葉は2～3回羽状複葉、小葉は長楕円形で鋸歯《きょし》がある。複散形花序を出し、白色5弁の小花を多数つける

アケボノソウ（曙草）

リンドウ科
センブリ属
花期：9～10月

北海道から九州に分布する二年草。山地のやや湿ったところに生える。高さ50～80cm。茎につく葉は長さ5～12cmの卵状楕円形。秋に濃い緑色の斑点がある白花をつける。

ムラサキセンブリ（紫千振）

リンドウ科
センブリ属
花期：9～10月

本州の関東地方以西、四国、九州に分布する二年草で、草地や道ばたに生える。高さ50～70cm。葉は線状披針《ひしん》形で対生する。茎の先端や上部の葉わきに、淡紫色で濃紫青色の条が入る5弁花を咲かせる。

リンドウ（竜胆）

リンドウ科
リンドウ属
花期：9～11月

本州、四国、九州に分布する多年草で、野山に自生する。高さ20～50cm。葉は卵状披針形で柄はなく茎を抱き、対生する。茎の先端や上部の葉のわきに、青紫色の美しい花を上向きに咲かせる。

アサマリンドウ（朝熊竜胆）

リンドウ科
リンドウ属
花期：10～11月

本州（紀伊半島南部、中国地方）、四国、九州に分布する多年草で、低山の林床に生える。高さ10～25cm。葉は対生し、卵形または長楕円形で、縁は波状に凹凸する。花は径4～5cmで、青紫色。

エゾリンドウ（蝦夷竜胆）

リンドウ科
リンドウ属
花期：9～10月

北海道から本州の近畿地方以北に分布する多年草で、山地の湿地帯に生える。高さ30～90cm。葉は長さ6～10cmの披《ひ》針《しん》形《けい》で裏面は粉白を帯びる。茎の先端や上部の葉のわきに、淡い青紫色の花を咲かせる。

ツルリンドウ（蔓竜胆）

リンドウ科
ツルリンドウ属
花期：8～10月

北海道から九州に分布するつる性多年草。山地の木陰に生える。長さ40～80cm。長さ3～5cmで長卵形の葉が対生する。葉のわきに長さ2.5～3cmで淡紫色の花が咲く。花後に紅紫色の実をつける。

アキギリ（秋桐）

シソ科
アキギリ属
花期：8～10月

本州の中部地方から近畿地方に分布する多年草で、山地の木陰に生える。草丈20～50cm。葉は対生し、矢じり形で長い柄をもつ。茎の上部に花穂を伸ばし、淡紫色をした径3cmほどの唇形《しんけい》花《か》を咲かせる。

キバナアキギリ（黄花秋桐）

シソ科
アキギリ属
花期：8～10月

本州から九州に分布する多年草。山地の木陰に生える。高さ20～40cm。茎は四角で、ほこ形で鋸歯のある葉が対生する。秋に長さ2～2.3cmの黄色い唇形花を段状につける。

カワミドリ（川緑）

シソ科
カワミドリ属
花期：8～10月

北海道から九州に分布する多年草で山地の草原に生える。高さ40～100cm。葉は対生《たいせい》し、卵状披針形《ひしんけい》で縁に鋸《きょ》歯《し》がある。茎は四角形。上部の枝先に円柱形の花穂を出し、紅紫色の小花を密につける。

テンニンソウ（天人草）

シソ科
テンニンソウ属
花期：9～10月

北海道から九州に分布する多年草で、山地の草原や落葉樹林の林床に生える。高さ50～100cmで、茎の基部は木質化する。葉は対生し、長楕円形。枝先に花穂を出し、淡黄色の唇形花を密につける。

クルマバナ（車花）

シソ科
トウバナ属
花期：8～9月

北海道から九州に分布する多年草で、山地の草原などに生える。高さ20～80cm。葉は対生し、長卵形で縁には鋸歯がある。上部の葉のわきに花穂を数段輪生し、淡紅色の唇形花を密につける。

シモバシラ（霜柱）

シソ科
シモバシラ属
花期：9～10月

本州の関東以西、四国、九州に分布する多年草。山地の木陰に生える。高さ40～70cm。葉は対生し、広楕円形。葉のつけ根の片側にだけ花穂を出し、白色の唇形《しんけい》花《か》をつける。冬、枯れた茎に氷の結晶ができる。

ミカエリソウ（見返草）

シソ科
テンニンソウ属
花期：9～10月

本州の中部地方以西に分布する落葉低木で、林床に生える。シソ科で唯一の木本。高さ40～100cm。葉は楕円形で対生し、葉裏に星状毛が密生する。先端に総状花序を出し、紅紫色の唇形花を密につける。

ナギナタコウジュ（薙刀香薷）

シソ科
ナギナタコウジュ属
花期：9～10月

北海道から九州に分布する一年草。山地の道ばたに生える。高さ20～60cm。葉は対生し、長さ3～6cmの長楕円形。夏から秋に、長さ5～10cmになる花穂を出し、淡紫色の唇形花を密につける。

クロバナヒキオコシ（黒花引起）

シソ科
ヤマハッカ属
花期：8〜9月

北海道と本州の日本海側に分布する多年草。深山の草原に生える。高さ50〜150cm。茎に稜《りょう》があって直立し、葉を対生する。葉は長さ6〜15cmの三角状広卵形。花は暗紫色の唇形花で、長さ0.5〜0.6cm。

ヒキオコシ（引起）

シソ科
ヤマハッカ属
花期：9〜10月

北海道から九州に分布する多年草。高さ50〜100cm。下向きの毛がある。葉は対生し、広卵形で先がとがる。秋に長さ0.5〜0.7cmの淡紫色の唇形花を段々に円錐形につける。

アキチョウジ（秋丁字）

シソ科
ヤマハッカ属
花期：8〜10月

本州の岐阜県以西、四国、九州に分布する多年草で、山地の木陰に生える。高さ70〜100cm。茎は四角形。葉は対生し、狭卵形。短い花柄の先に、長さ2cmほどの細長い青紫色の唇形花をつける。

セキヤノアキチョウジ（関屋の秋丁字）

シソ科
ヤマハッカ属
花期：9〜10月

本州の関東地方、中部地方に分布する多年草で、山地の木陰に生える。高さ70〜90cm。葉は対生し、長楕円形で先がするどくとがり、縁には鋸歯がある。細長い花柄を伸ばし、青紫色の唇形花をつける。

ヤマハッカ（山薄荷）

シソ科
ヤマハッカ属
花期：9〜10月

北海道から九州に分布する多年草。高さ40〜100cm。茎に稜があり、稜に下向きの毛がある。葉は対生し、長さ3〜6cmの広卵形。秋に青紫色の小さな唇形花を段々に円錐形につける。花の長さ0.7〜0.9cm。

イヌヤマハッカ（犬山薄荷）

シソ科
ヤマハッカ属
花期：8〜9月

関東地方西南部から中部、東南部に分布する多年草で、山地の林床、林縁に生える。高さ60〜80cm。茎は四角。葉は対生し、長楕円状披針形。茎頂にやや総状に花序を出し、青紫色の唇形花をつける。

カメバヒキオコシ（亀葉引起）

シソ科
ヤマハッカ属
花期：8～9月

東北地方南部、関東地方北部、中部地方東北部に分布する多年草。林縁、河原などに生える。高さ60～100cm。葉は広楕円形で先端が亀の尾のように長く突き出る。円錐花序に青紫色の唇《しん》形《けい》花《か》をつける。

オトコエシ（男郎花）

オミナエシ科→
スイカズラ属
オミナエシ属
花期：8～10月

北海道から奄美に分布する多年草。高さ60～100cm。オミナエシに比べ茎が太く、葉も大型。全体に毛を密集している。葉は羽状で深く裂ける。花は白色で、複散形につく。

マツムシソウ（松虫草）

マツムシソウ科→
スイカズラ科
マツムシソウ属
花期：8～10月

北海道から九州に分布する二年草。山地の草原に生える。高さ60～90cm。葉は対生し、羽状に裂ける。花は径4cmの紫色。花の真ん中に小花が多数つき、まわりにある小花が大きく、花弁に見える。

コシオガマ（小塩竈）

ゴマノハグサ科→
ハマウツボ科
コシオガマ属
花期：9～10月

北海道から九州に分布する一年草で、草原や林縁に生える。高さ20～70cm。葉は対《たい》生《せい》し、三角状卵形で羽状に深く裂ける。枝の上部の葉のわきに紅紫色の花をつける。

オミナエシ（女郎花）

オミナエシ科→
スイカズラ科
オミナエシ属
花期：8～10月

北海道から九州に分布する多年草。日当たりのよい山地や丘陵に生える。高さ1mほど。秋に茎の上部に多数の小花を複散形につける。花は径0.3～0.4cmで、先が5つに裂ける。

イワシャジン（岩沙参）

キキョウ科
ツリガネニンジン属
花期：8～10月

関東西南部、中部地方東南部に分布し、山地の岩場、草原、原野などに生える多年草。高さ30～40cm。株元にある葉は卵形だが、細い茎につく葉は細い披《ひ》針《しん》形《けい》。長い花柄の先に紫色の鐘形の花をつける。

モイワシャジン（藻岩沙参）

キキョウ科
ツリガネニンジン属
花期：7～9月

北海道、本州の東北地方に分布する多年草。高さ30～60cm。株元の葉は、長い柄をもつ腎形か卵心形。茎につく葉は3～4枚で主に対生。長さ1.5～2cmの釣鐘形の花を総状につける。花色は淡紫色。

アオヤギバナ（青柳花）

キク科
アキノキリンソウ属
花期：9～10月

本州から九州に分布する多年草で、川岸の岩上などに生える。高さ16～60cm。葉は線状披針形で長さ5～7cm。茎の上部に、黄色い舌状花と筒状花からなる径1.3cmほどの頭状花をつける。

ナンブアザミ（南部薊）

キク科
アザミ属
花期：8～10月

本州中部以北に分布する多年草で、山地や草原に生える。高さ100～200cm。茎葉は披針状楕円形で、全縁または羽状に中裂する。花は径2.5～3cmで枝先に下向きにつく。総苞《そうほう》は鐘形で粘らない。

ツルニンジン（蔓人参）

別名：ジイソブ
キキョウ科
ツルニンジン属
花期：8～10月

北海道から九州にかけて分布し、山地の林縁に生えるつる性の多年草。つるの長さ200～300m。葉は互生し、長卵形。緑色に紫の斑点が入る鐘形の花をつける。

アキノキリンソウ（秋の麒麟草）

キク科
アキノキリンソウ属
花期：8～11月

北海道から九州にかけて分布し、日当たりのよい山地や丘陵地に生える多年草。高さ50～80cm。葉は互生し、下部の葉は先端がとがる披針形で、縁には鋸歯《きょし》がある。茎先に黄色い花を多数、総状につける。

フジアザミ（富士薊）

キク科
アザミ属
花期：8～10月

本州の関東地方、中部地方に分布し、山地の砂礫《されき》地に生える多年草。高さ約100cm。葉は互生し、羽状に中裂して葉縁には鋭い棘針《ししん》がある。直径6.5～8.5cmの紅紫色の頭花を下向きにつける。総《そう》苞片《ほうへん》は反り返る。

オケラ（朮）

キク科
オケラ属
花期：9～10月

本州から九州に分布する多年草。やや乾いた草原に生える。高さ30～100㎝。葉は披針形《ひしんけい》で、とげ状の鋸歯《きょし》がある。茎の先端につく花は白色または淡紅色。花のまわりに「魚の骨」状の苞葉《ほうよう》がある。

チョウジギク（丁字菊）

キク科
ウサギギク属
花期：8～10月

本州、四国に分布し、深山のやや湿りけのある場所に生える多年草。高さ30～45㎝。葉は対生《たいせい》し、長さ7～13㎝の長楕円状披針形で縁には鋸歯がある。茎頂に黄色い筒状花からなる花を6～9個つける。

キクタニギク（菊渓菊）

別名：アワコガネギク
キク科　キク属
花期：10～11月

本州、九州の北部に分布する多年草。山地のやや乾いた谷間などに生える。高さ100～150㎝。葉は互生《ごせい》。花は径1.5㎝ぐらいの黄色い小花が真ん中に集まり、まわりに花弁のような小花がつく。

シマカンギク（島寒菊）

別名：アブラギク　キク科　キク属　花期：10～12月

本州の近畿以西、四国、九州に分布する多年草で、日当たりのよい山麓に生える。高さ30～80㎝。葉は長さ3～5㎝。茎の先に径2.5㎝ほどの黄色い花をつける。

ナカガワノギク（那賀川野菊）

キク科
キク属
花期：11～12月

徳島県の那賀川沿いの崖に生える多年草。高さ約60㎝。葉はやや厚く、長さ4～5㎝の倒卵状くさび形で、上半分が3つに分かれる。花は径3～4㎝。中心は黄色。まわりの舌状花は白色から淡紅色。

リュウノウギク（竜脳菊）

キク科
キク属
花期：10～11月

本州の福島県、新潟県以西から九州に分布する多年草。日当たりのよい山地などに生える。高さ30～90㎝。葉は互生し、広卵形で3つに裂ける。花は径3～4㎝の白色。舌状花は淡紅色を帯びることもある。

クサヤツデ（草八手）

キク科
クサヤツデ属
花期：9～11月

本州の神奈川県から近畿地方以西の太平洋側、四国、九州に分布し、山地の木陰に生える多年草。高さ40～100cm。葉は長い葉柄をもつ掌状《しょうじょう》葉。黒紫色の小さな頭花が円錐花序に多数つき下垂する。

ゴマナ（胡麻菜）

キク科
シオン属
花期：9～10月

本州の山地の草原に生える多年草。高さ100～150cm。葉は互生し、長さ13～19cmの長楕円形で鋸歯がある。花は径1.5cm前後で、散房状につける。舌状花は白色。

シオン（紫苑）

キク科
シオン属
花期：8～10月

本州の中国地方と九州に分布する多年草。高原の湿地に生える。高さ180～200cm。葉は互生し、大型の披針形で鋸歯がある。茎の上部で小枝を出し、径2～3cmの淡紫色の花が散房状に多数つく。

コウヤボウキ（高野箒）

キク科
コウヤボウキ属
花期：9～10月

関東地方以西から九州にかけて分布。山地の日当たりのよい、やや乾いたところに生える落葉小低木。高さ60～100cm。葉は単葉で互生する。秋に、一年枝の先に白色の管状花からなる花をつける。

サワシロギク（沢白菊）

キク科
シオン属
花期：8～10月

本州、四国、九州に分布し、日当たりのよい湿地に生える多年草。高さ50～60cm。葉は長さ7～17cmの線状披針形《ひしんけい》。長い花茎の先に径2～3cmの頭花を1個ずつつける。舌状花は白色で、のち紅紫に染まる。

シラヤマギク（白山菊）

キク科
シオン属
花期：8～10月

北海道から九州に分布する多年草。乾いた草原などに生える。高さ100～150cm。葉は互生し、心形で鋸歯がある。茎は上部で分枝し、先端に径2cmほどの花をつける。舌状花は白色。

シロヨメナ （白嫁菜）

キク科　シオン属　花期：9～10月

本州から九州に分布する多年草で、山地の木陰や道ばたによく見られる多年草。高さ70～100㎝。葉は長楕円状披《ひ》針《しん》形《けい》で、表面には光沢がある。花は径1.5～2cmで、白色の舌状花からなる。

アキノハハコグサ （秋の母子草）

キク科
ハハコグサ属
花期：9～11月

本州、四国、九州に分布し、日当たりのよいやや乾いた山地に生える一年草。高さ30～60㎝。茎には白い綿毛がある。葉は披針形で互《ご》生《せい》し、表面は綿毛に覆われる。秋に黄色い花を多数つける。

ヒゴタイ （平江帯）

キク科
ヒゴタイ属
花期：8～10月

本州の愛知、岐阜、広島、九州に分布する多年草。山野の日当たりのよい草原に生える。高さ約100㎝。葉は長楕円形の羽状で、縁にとげがある。花は瑠璃色の小花が多数集まって球状になる。

タムラソウ

キク科
タムラソウ属
花期：8～10月

本州から九州に分布する多年草。山地の草原などに生える。高さ30～140㎝。一見するとアザミに似るが、とげがないので区別できる。花は径3～4㎝の紅紫色で、茎の先端で咲く。

ヤマジノギク （山路野菊）

キク科
シオン属
花期：9～11月

本州の伊豆以西から九州に分布する二年草。日当たりのよい草原に生える。高さ30～100㎝。葉は長さ5～7cmの倒披針形から線形。径2.5～3.5㎝の花をつける。舌状花は淡紫色。筒状花は黄色。

キッコウハグマ （亀甲白熊）

キク科
モミジハグマ属
花期：9～10月

北海道から九州まで分布する多年草で、山地のやや乾いた日陰に生える。高さ10～25㎝。葉は五角形または心形で長い柄がある。秋に花茎を伸ばして、3つの小花からなる白色の頭花を数個つける。

サワヒヨドリ　（沢鵯）

キク科
ヒヨドリバナ属
花期：8～10月

北海道から沖縄に分布する多年草。山地の日当たりのよい湿地に生える。高さ40～90㎝。葉は対生《たいせい》し、葉の長さ6～12㎝の披針形。夏から秋に淡紫色または白色の花を散房状につける。

ヒヨドリバナ　（鵯花）

キク科
ヒヨドリバナ属
花期：8～10月

北海道から九州に分布する多年草。高さ100～200㎝。葉は長さ10～18㎝の卵状長楕円形で、先が鋭くとがる。花は白色またはやや紫色を帯びたものが、茎の先端に散房状につく。

ヨツバヒヨドリ　（四葉鵯）

キク科
ヒヨドリバナ属
花期：8～9月

北海道、本州の近畿以東、四国に分布する多年草。山地や湿原に生える。高さ約100㎝。葉は長さ10～15㎝の長楕円形で、4枚輪生状につく。茎の先端に淡紫色の花が散房状に咲く。

オヤマボクチ　（雄山火口）

キク科
オヤマボクチ属
花期：9～10月

本州の愛知以西から九州に分布する多年草。山地の日当たりのよいところや乾いた草原に生える。高さ100～150㎝。秋に径3.5～5㎝の暗紫色の花をつける。

ヤマボクチ　（山火口）

キク科
ヤマボクチ属
花期：10～11月

本州の愛知県以西、四国、九州に分布する多年草で、山地の日当たりのよい草原に生える。高さ70～100㎝。葉は大型の卵形でゴボウの葉に似る。茎の上部が枝分かれし、大型の頭花を横向きにつける。

ハバヤマボクチ　（葉場山火口）

キク科
オヤマボクチ属
花期：10月

本州の福島県以南、四国、九州に分布する多年草。日当たりのよい乾いた草原に生える。高さ100～200㎝。葉は矛形で葉裏には白い綿毛を密生する。総苞《そうほう》に包まれた球形の花をつけ黒紫色の花を咲かせる。

ホトトギスの仲間

ユリ科
ホトトギス属

ホトトギスは、日本の秋を代表する野草の一つ。大別すると、黄花系と白花系に分かれる。日本に原産するものには、下記のものがある。

▶**見分け方**　花の色のほか、花の形とつきかた、葉の形がポイントに。

❶ ホトトギス

（杜鵑草）

花期：8～10月

茎の長さ40～80㎝。葉は披針状長楕円形で、基部は茎を抱く。花は白地に紫色の斑点がある。北海道西南部、本州の関東、福井県以西から九州に分布。

❷ キイジョウロウホトトギス

（紀伊上臈杜鵑草）

花期：8～10月

茎は毛が少なく下垂する。葉の基部は心形で茎を抱く。花は鐘形で半開。花色は黄色。本州の紀伊半島に分布。

❸ キバナノホトトギス

（黄花の杜鵑草）

開花：9～11月

高さ10～30㎝。花は黄色で、赤紫色の斑点がある。宮崎県特産。

❹ ヤマジノホトトギス

（山路の杜鵑草）

花期：8～10月

茎の高さ30～60㎝。葉は狭長楕円形。花は白地で、紫色の斑点がある。花は上向きに咲く。北海道南西部から九州に分布。

❺ キバナノツキヌキホトトギス

（黄花の突抜杜鵑草）

花期：9～10月

茎の長さ50～70㎝。茎が葉を突き抜けるようにつく。花は黄色で、紫褐色の斑点がある。宮崎県特産。

1

2

3

4

5

キチジョウソウ（吉祥草）

ユリ科→キジカクシ科　キチジョウソウ属　花期：9〜10月

本州の関東地方以西、四国、九州に分布する常緑多年草で、常緑樹林下などに群生する。花茎の高さ8〜13㎝。葉は線形で根際から束生《そくせい》する。秋に紅紫色の小花を穂状につけ、球形の実をつける。

ヤブラン（薮蘭）

ユリ科→キジカクシ科
ヤブラン属
花期：8〜10月

日本全土に分布する多年草。葉の長さ30〜50cm。葉は幅0.8〜1.2cmの線形。高さ30〜50cmの花茎を立て、淡紫色の小花を多数つける。果実は径0.6〜0.7cmで紫黒色に熟す。

ヤマラッキョウ（山辣韮）

ユリ科→ネギ科
ネギ属
花期：9〜10月

本州の福島県以南から沖縄に分布する多年草。高さ30〜60㎝。葉は長さ20〜50㎝。切り口が三角形で中空。秋に茎の先端に紅紫色の小花を多数、球状につける。雄しべが長く、花から突き出ている。

ショウキズイセン（鐘馗水仙）

別名：ショウキラン
ヒガンバナ科
ヒガンバナ属
花期：9月

四国、九州、沖縄に分布する多年草で、山野に生え、地下に鱗茎《りんけい》をもつ。花茎の高さ60㎝内外。葉は厚く光沢があり、秋に出て翌夏に枯れる。6弁の黄色い花を5〜10個輪生する。

コヤブラン（小薮蘭）

別名：リュウキュウヤブラン
ユリ科→キジカクシ科
ヤブラン属
花期：7〜9月

本州の中部以西、四国、九州、沖縄に分布する多年草で、山野の林下に生える。高さ30〜50cm。ヤブランに似るが、葉幅が0.4〜0.7cmと狭く、匍匐枝を出してふえる。

イトラッキョウ（糸辣韮）

ユリ科→ネギ科
ネギ属
花期：11月

長崎県平戸島に分布する固有種で、日当たりのよい礫地に生える多年草。葉の長さ10〜20cmで葉幅が糸のように細い。花茎の長さは8〜22cmで、紅紫色、まれに白色の小花を先端に散形につける。

アッケシソウ （厚岸草）

アカザ科→ヒユ科
アッケシソウ属
花期：8～9月

北海道、本州の宮城県、四国の海岸に分布する一年草で、満潮時に海水をかぶるような塩湿地に生える。高さ10～35cm。茎は肉質で節が多い。葉は対生《たいせい》し、鱗片《りんぺん》状。秋には全体が赤く色づく。

ツチトリモチ （土鳥黐）

ツチトリモチ科
ツチトリモチ属
花期：10～11月

本州、四国、九州、沖縄の海岸林下に分布し、ハイノキ属の根に寄生する寄生植物。高さ6～12cm。葉緑体をもたず、地上には花茎だけが顔を出す。花穂は卵状楕円形の肉穂花序《にくすいかじょ》で多数の小さな花をつける。

アシタバ （明日葉）

セリ科
シシウド属
花期：8～10月

本州の関東地方南部から紀伊半島、伊豆諸島、小笠原に分布する多年草。高さ約100cm。茎の切り口から黄色い汁を出す。葉は大きく1～2回3出複葉。淡黄色の小花が複散形花序に多数つく。

アゼトウナ （畔唐菜）

キク科
アゼトウナ属
花期：9～12月

本州の伊豆地方から紀伊地方、四国、九州の大分県、宮崎県に分布し、海岸の岩場に生える多年草。高さ10㎝ほど。葉は倒卵形で先端は丸い。側枝の枝先に径1.5㎝ほどの黄色い花を密につける。

ワダン

キク科　アゼトウナ属　花期：9～11月

本州の千葉県、神奈川県、静岡県、伊豆七島に分布する多年草。高さ30～60㎝。株元にある葉は長さ8～18㎝の倒卵形、厚みがありやわらかい。側枝の先端に径1～1.5㎝の黄花を群がりつける。

ノジギク （野路菊）

キク科　キク属　花期：10～12月

兵庫県、広島県、山口県、高知県、愛媛県、大分県、宮崎県、鹿児島県に分布。海岸沿いの崖などに生える多年草。高さ60～90㎝。葉は広卵形で裏面は灰白色。晩秋に径3.5～4.5㎝の花をつける。

アシズリノジギク （足摺野路菊）

キク科
キク属
花期：10～12月

四国の高知県足摺岬から愛媛県佐多岬にかけての海岸に分布する多年草。高さ60～80㎝。葉は厚みがあり、ふつう3中裂し、裏面に白毛が多いため白い縁取りに見える。枝先に径3～4㎝の白い頭《とう》花《か》をつける。

イソギク （磯菊）

キク科
キク属
花期：10～12月

千葉県犬《いぬ》吠《ぼう》埼《さき》から静岡県御《お》前《まえ》崎《ざき》にかけて分布し、海岸の岩場に生える多年草。高さ20～40㎝。葉は長さ4～8㎝の倒《とう》披《ひ》針《しん》形《けい》。晩秋に筒状花だけでできた径0.5～0.6㎝の黄色い花を散房状につける。

イワギク （岩菊）

キク科
キク属
花期：8～10月

本州から九州にかけての石灰岩地などに隔離分布する多年草。山地や海岸の岩場、礫《れき》地《ち》などに生える。高さ10～60㎝。葉は互《ご》生《せい》し、広卵形で2回羽状に裂ける。頭花は白色の舌状花からなり、径5～8㎝。

オキノアブラギク（隠岐の油菊）

キク科
キク属
花期：11～12月

島根県隠岐島と山口県見島の海岸に生える多年草。高さ50cm。葉は互《ご》生《せい》し、卵形で深く5つに避け、裂片には鋸《きょ》歯《し》がある。裏面は淡緑色。分枝した枝先に径2cmほどの黄色い頭花をつける。

コハマギク（小浜菊）

キク科
キク属
花期：9～10月

北海道の根室から渡島、本州の青森県から茨城県の海岸に分布。高さ10～50cm。葉は長い柄をもち、縁に切れ込みのある卵形。下部の葉は多くが5つに裂ける。径4cmほどの白い頭花をつける。

シオギク（潮菊）

別名：シオカゼギク
キク科　キク属
花期：11～12月

和歌山県潮岬以西の紀伊半島と、高知県と徳島県の一部に分布する多年草。海岸の岩場に生える。高さ25～35cm。イソギクに似るが、花が径0.8～1cmとやや大きく、葉の幅も広い点で区別できる。

タイキンギク（堆金菊）

キク科
キオン属
花期：11～3月

紀伊半島南部と高知県に分布するつる性の多年草で、海岸近くの山野に生える。茎は倒れぎみに伸び、長さ200～500cm。葉は三角状披《ひ》針《しん》形《けい》で下部の葉は羽状に裂ける。径1.3cmの黄色い頭花を散房状につける。

ワカサハマギク（若狭浜菊）

キク科
キク属
花期：10～11月

福井県から鳥取県にかけての日本海側の海岸に分布する多年草。リュウノウギクの変種で、リュウノウギクより、葉や花も全体にやや大型になる。

ダルマギク（達磨菊）

キク科
シオン属
花期：10～11月

本州の中国地方の日本海側と九州に分布する多年草で、海岸の岩場に生える。高さ約25cm。葉は互生し、倒卵形で厚く、両面にビロード状の密毛がある。枝先に径3.5～4cmで淡青紫色花をつける。

ツワブキ（石蕗）

キク科
ツワブキ属
花期：10～12月

本州の福島県、石川県以南から沖縄にかけて分布する常緑多年草で、海岸の岩上に生える。高さ30～75㎝。株元の葉は長い柄をもち、葉身は腎円形で光沢がある。茎先に径5㎝ほどの黄色い花を数個つける。

ハマベノギク（浜辺野菊）

キク科　ハマベノギク属　花期：7～10月

本州の富山県以西の日本海側、九州に分布する二年草～多年草で、海岸の砂地などに生える。高さ20㎝ほど。葉は倒狭卵形で基部は細い。径3～4㎝の頭《とう》花《か》に淡青紫色の舌状花をつける。

シロヨモギ（白蓬）

キク科
ヨモギ属
花期：8～10月

北海道と本州の新潟県、茨城県以北に分布する多年草で、海岸の砂地に生える。高さ20～60㎝。全体に白い密毛で覆われて白く見える。茎は根元から枝分かれし、葉は厚く羽状に裂ける。秋に小花をつける。

ハマギク（浜菊）

キク科
ハマギク属
花期：9～11月

青森県から茨城県にかけての太平洋沿岸に分布する多年草で、崖や砂丘に生える。茎は木質化し、高さ50～100㎝。葉は肉厚のへら形で光沢がある。頭花は径6㎝ほど。純白の舌状花が美しい。

サツマノギク（薩摩野菊）

キク科
キク属
花期：11～12月

鹿児島県、熊本県に生える多年草。高さ25～50㎝。茎葉に銀白色の毛が密生する。葉は長さ4～6㎝の広卵形で、羽状に浅く切れ込む。花は径4～5㎝。花色は白色で、後にやや淡紅色を帯びる。

ノシラン（熨斗蘭）

ユリ科→
キジカクシ科
ジャノヒゲ属
花期：7～9月

本州の東海以西から沖縄に分布する多年草。海岸近くの林下に生える。花茎の高さ30～50㎝。葉は線形で、厚くて光沢がある。花茎は著しく扁平で、白い花を総状につける。

野山で出会う花の形態と見分け方　植物の分類

野山に出かけると、さまざまな植物に出会います。
そんなとき、その植物の名前が分かれば、自然への親しみがさらに深まるはずです。
はじめて見る植物の場合、もちろん名前は分かりませんが、
「この花は○○の仲間だな」と推測がつけば、あとで植物図鑑に当たるなどして、
名前を探し当てることができます。
では、どんな点に注意して観察すれば、おおよそどの植物の仲間か、
見当がつくのでしょうか。

植物の分類について

「植物学」のはじまりは紀元前300年ごろ、ギリシアのテオフラストスが編んだ『植物誌』とされています。近世に入って、分類学の父といわれるスウェーデンのリンネが、18世紀にスカンジナビア半島北部の植物誌をつくり上げ、この分類法が世界中に広がりました。

リンネの分類体系の後に、有名なダーウィンの進化論が発表され、生物の分類を考えるうえで、大きな影響を与えました。そこで、19世紀後半に、進化の方向性を加味した分類体系が、ドイツのアイヒラーによって構築されます。

この考えは、同じくドイツの分類学者エングラーによって引き継がれ、「エングラー体系」として世界中に広がりました。その後、20世紀に入り、ドイツの8人の学者によってこれが書き改められ「新エングラー体系」として発表されました。

日本の植物誌や図鑑は、この「新エングラー体系」に基づくものがほとんどですが、これに対立する形で現れたストロビロイド説に基づくクロキストンの体系も、花の進化という点で支持する植物学者が多く、この体系に基づく書も見られます。

近年は遺伝子資源の探索や保全、地球環境の変化や絶滅の懸念などから、世界の分類学者の間で、地球規模の植物誌づくりがはじまっているようです。分類体系についても、DNAの塩基配列から系統を調べることが可能となり、従来の類似性から体系化された分類方法から、分子系統解析を反映した分類体系が構築されました。さらにこの体系にこれまでの類似性の基準を加味して、その詳細な分類体系として提示されたのが AGPⅡによる分類表（2003）です。

AGPⅡ（2003）の分類体系では、従来のユリ科やゴマノハグサ科、ユキノシタ科などに含まれる属の科名の変更が多く、

植物の入門としては馴染みにくい要素があります。

本書では最も馴染みやすい体系として新エングラーに基く科名で記載し、矢印のあとにAGPⅡ(2003)分類体系を勘案して構築されたマバリー分類体系(2008)に基づいた新しい科名、属名を表記しました。

新エングラー体系では、図-1のように被《ひ》子《し》植物門を単子葉《たんしよう》植物綱と双子葉《そうしよう》植物綱に分け、双子葉植物綱を合弁花《ごうべんか》植物亜綱(後生花被《こうせいかひ》植物亜綱)と離弁花《りべんか》植物

新エングラー体系による種子植物の区分

(図-1)

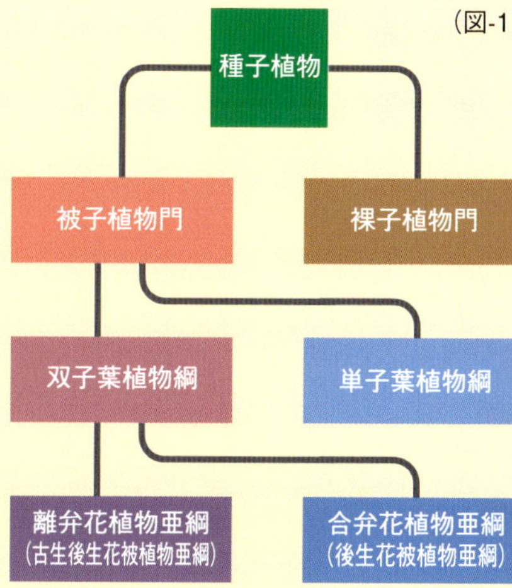

シダの**胞子葉**

単子葉植物
イズモコバイモの子葉と花

双子葉植物
オオミスミソウの子葉と花

裸子植物　胞子をつけたマツ

亜綱（古生後生《こせいこうせい》花被植物亜綱）に分けられています。

なお、植物の分類階級としては、綱《こう》（亜綱）の下に目《もく》（亜目）、その下に科《か》、属《ぞく》（亜属）、節《せつ》（亜節）、列《れつ》（亜列）、種《しゅ》（亜種）、変種、品種と細分化されます。一般に私たちが用いている植物名（例えばアヤメ、キク、サクラといった和名）は、科から属の階級を対象とする場合が多いので、本書での書く植物の解説にも○○科○○属と記載しました。

裸子植物と被子植物、単子葉植物と双子葉植物

種子植物は大きく裸子植物《らししょくぶつ》と被子植物《ひししょくぶつ》とに分けられます。シダ植物から最初に進化した種子植物が裸子植物で、被子植物の発生は、それからさらに1億5000万年も後のことのようです。

シダ植物の生殖は、親から飛散した数百万の胞子が、地上で発芽して前葉体《ぜんようたい》

オウレンの**両生花**と**雄花**

放射相称花　ギンバイソウ
（対称軸が2本以上）

左右相称花　ミズバショウ
（対称軸が1本）

放射相称花　リンドウ

左右相称花　トリカブト

（配偶体）をつくります。前葉体は光合成を行うことで成長し生殖細胞をつくり、ほかの細胞と受精して胞子体《ほうしたい》（芽生え）をつくります。

これに対し、種子植物の生殖はより効果的な方法として、シダ植物の胞子に相当する胚珠《はいしゅ》が、親の元で生殖細胞を完成させ、受粉をして子をつくります。

この胚珠が露出しているのが裸子植物で、子房《しぼう》に包まれて保護されているのが被子植物です。前者では発芽時に出てくる子葉《しよう》は１枚ですが、後者では双葉《ふたば》（貝割れ葉）で、そのほかにも表-1 に示したような異なる点があります。

単子葉植物 と 双子葉植物 との相違点 （表-1）

	単子葉植物	双子葉植物
子葉	１枚	２枚
葉	平行脈をもつ 細長くて形の変化はとぼしい	網状脈をもつ 形の変化に富む
花	花の各部は3またはその倍数 花弁とがく片の区別がはっきりしない	花の各部は 2、4、5またはその倍数
茎	草本が主 木本《ぼくほん》は少ない 形成層がなく、後から太くならない	草本、木本とも豊富 形成層をもち、成長により太くなる
根	多くのひげ根を出すが、主根はない	1本の太い主根が出て、そこから細い支根（ひげ根）を出す

合弁花と離弁花、放射相称花と左右相称花

「新エングラー体系」による分類では、被子植物門は単子葉《たんしよう》植物綱と双子葉《そうしよう》植物綱に分けられ、双子葉植物綱は合弁《ごうべん》花《か》植物亜綱と離弁花《りべんか》植物亜綱に分けられています。この違いは明確で、花弁が基部で合着しているものを合弁花植物、個々に独立しているものを離弁花植物と呼んでいます。

しかし、この分け方は、人の目から見れば区別しやすい方法ではあるものの、進化の過程という面では矛盾する点も多く、新しい分類法が登場する所以です。

植物の進化には、昆虫の媒介が深く関わっています。裸子植物では、松柏《しょうはく》の仲間のように無数の花粉が風によって飛散し、受精が行われていますが、昆虫が花粉を媒介することになれば花粉の量が極度に少なくてすみ、また、雄性と雌性が近くにあったほうが都合がよいので、両生花が登場します。

それ以来、植物は昆虫を呼び寄せるための工夫が進み、花の各部は多数から少数へ、離生《りせい》から合生《ごうせい》へ、そして放射《ほうしゃ》相称花《そうしょうか》から左右相称花《さゆうそうしょうか》へと進化の道を辿ってきたようです。放射相称花は対称軸が２本以上あるのに対し、左右相称花ではこれが １ 本で虫媒花《ちゅうばいか》が多く、その対称軸は地面に対して上下垂直方向となっています。

葉と花の構造

植物を見分けるには、まず葉や花の形や、そのつき方の違いを、よく観察することが大切です。そこでここでは、葉や花の形態を表す用語のいろいろをイラストで示しました。おおまかにでも覚えておくと、植物の解説を読むうえで、大いに参考になるはずです。

葉の構造と形

[葉の構造]

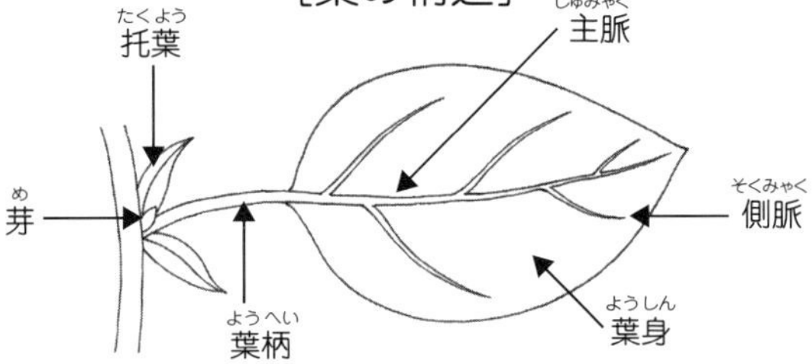

[葉の形]

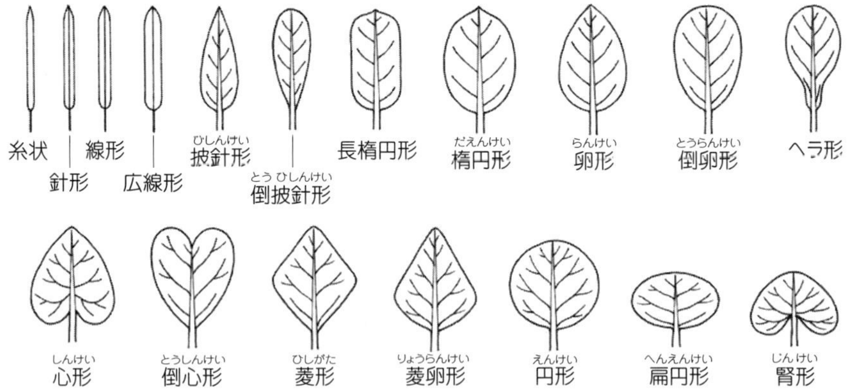

[葉の先と基部の形]

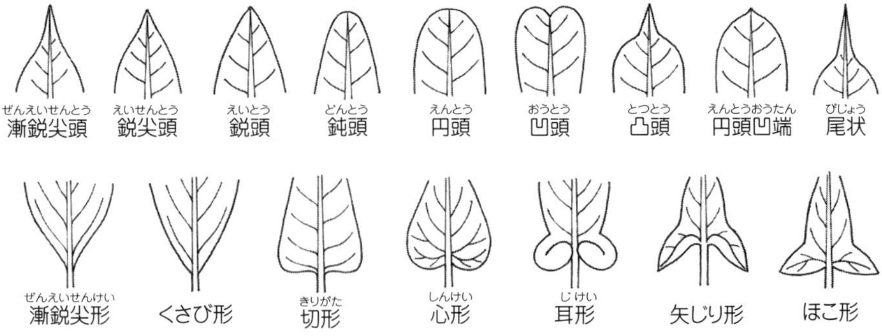

［葉縁の形］

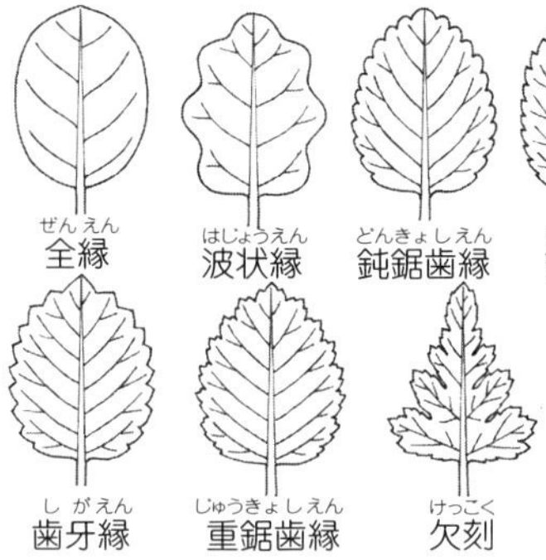
全縁《ぜんえん》
波状縁《はじょうえん》
鈍鋸歯縁《どんきょしえん》
鋸歯縁《きょしえん》
歯牙縁《しがえん》
重鋸歯縁《じゅうきょしえん》
欠刻《けっこく》

［葉の裂け方］

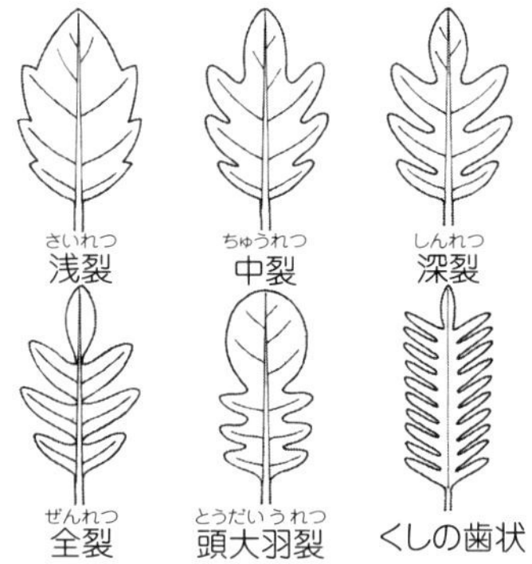
浅裂《さいれつ》
中裂《ちゅうれつ》
深裂《しんれつ》
全裂《ぜんれつ》
頭大羽裂《とうだいうれつ》
くしの歯状

［複葉］

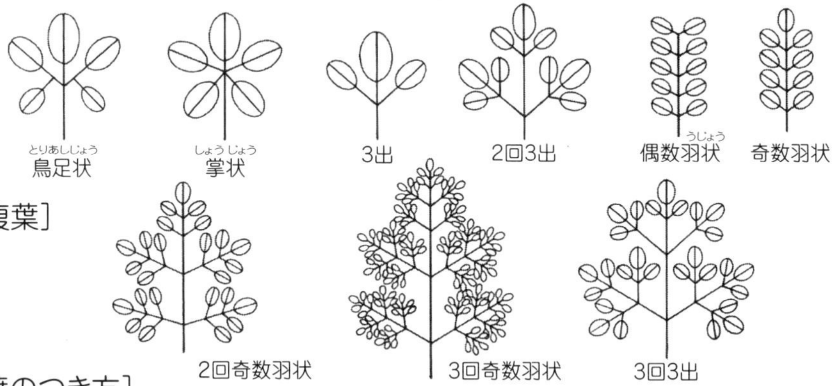
鳥足状《とりあしじょう》
掌状《しょうじょう》
3出
2回3出
偶数羽状《うじょう》
奇数羽状
2回奇数羽状
3回奇数羽状
3回3出

［葉のつき方］

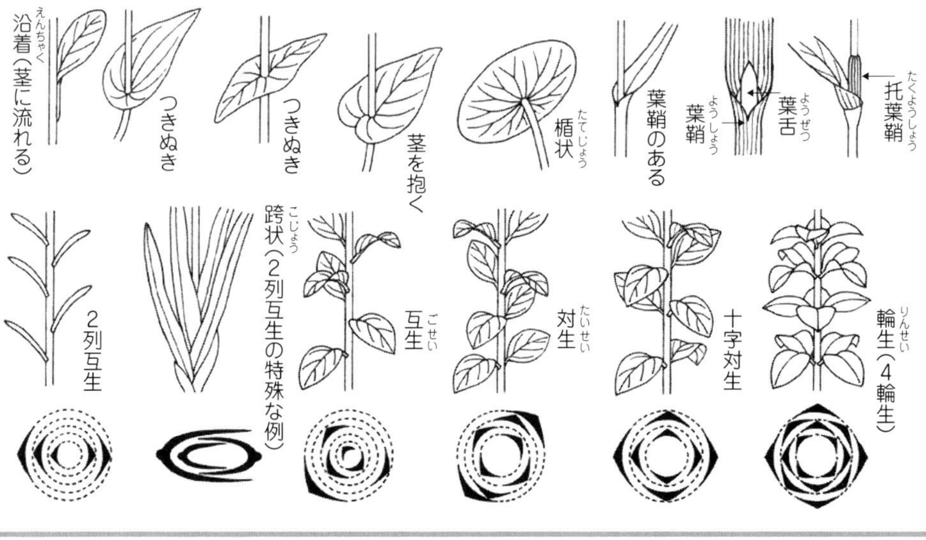
沿着《えんちゃく》（茎に流れる）
つきぬき
つきぬき
茎を抱く
楯状《たてじょう》
葉鞘のある
葉鞘《ようしょう》
葉舌《ようぜつ》
托葉鞘《たくようしょう》
2列互生
跨状《こじょう》（2列互生の特殊な例）
互生《ごせい》
対生《たいせい》
十字対生
輪生《りんせい》（4輪生）

葉と花の構造

花の構造と形

[花の構造]

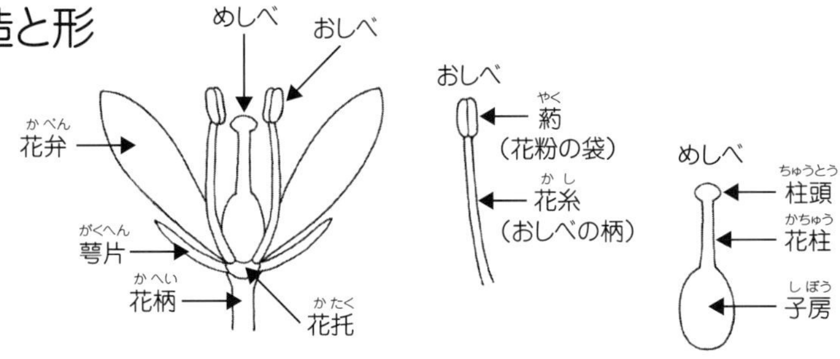

[花序の構造]

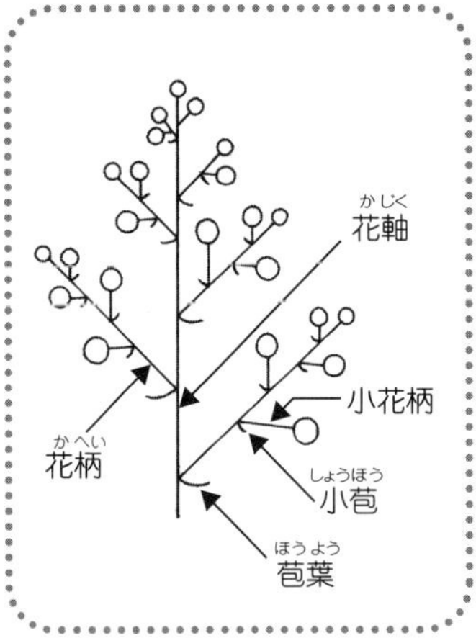

[花序《かじょ》]

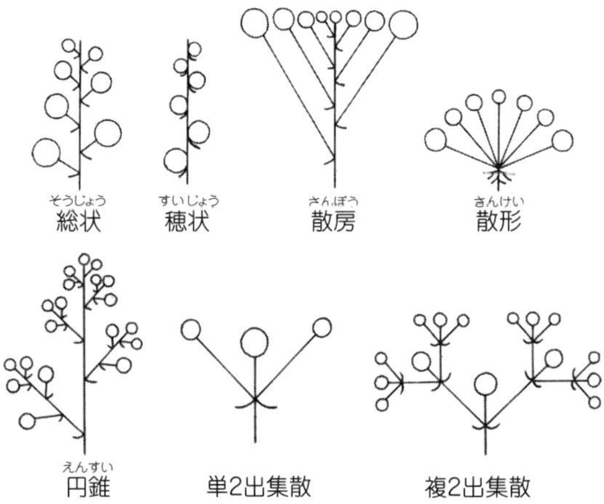

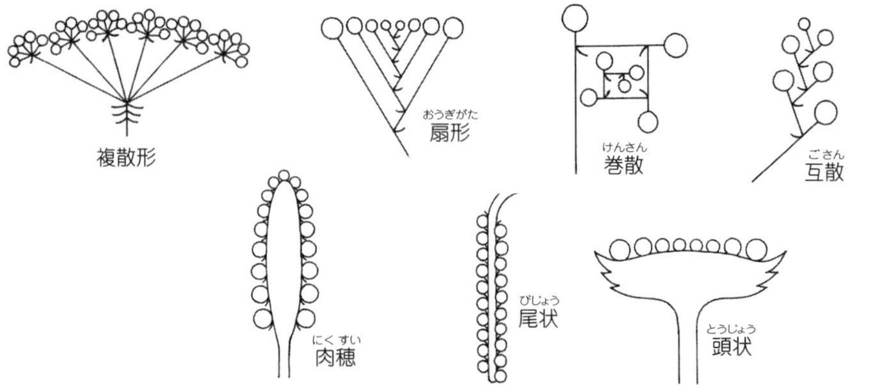

[花冠《かかん》の形]

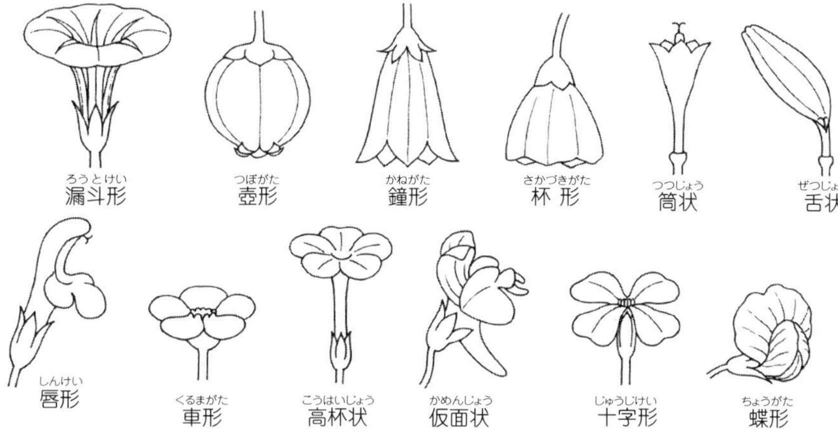
漏斗形《ろうとけい》
壺形《つぼがた》
鐘形《かねがた》
杯 形《さかづきがた》
筒状《つつじょう》
舌状《ぜつじょう》
唇形《しんけい》
車形《くるまがた》
高杯状《こうはいじょう》
仮面状《かめんじょう》
十字形《じゅうじけい》
蝶形《ちょうがた》

[花の要素]

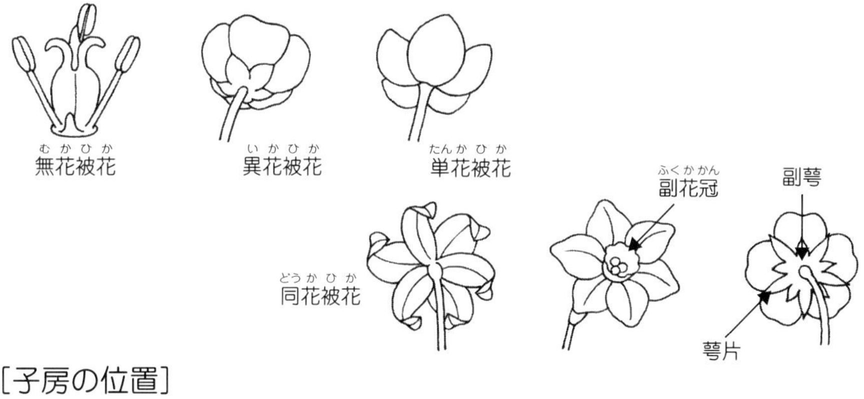
無花被花《むかひか》
異花被花《いかひか》
単花被花《たんかひか》
副花冠《ふくかかん》
副萼
同花被花《どうかひか》
萼片

[子房の位置]

子房上位
子房中位
子房下位

「山野草の名前」1000がよくわかる図鑑

Index

本書に出てくる植物名を
五十音順に並べました。

ア

イ

カ

キ

シ

ス

セ

ソ

タ

チ

ツ

テ

ト

マ

ミ

ム

メ

モ

ヤ

ユ

ヨ

ラ

リ

ル

レ

ロ

ワ

久志博信（ひさし　ひろのぶ）

和歌山県生まれ千葉県在住。山野草に魅惑されて約45年、野生植物の撮影や生け花、栽培などに力を注ぎ、日本各地や中国奥地など海外の山岳地帯にも出かけている。近年は国内外の野生植物の花ガイドや講師としても活躍中。
主な著書、共著、監修に『山野草早わかり百科』、『花の育て方大百科』（共に主婦と生活社）、『山野草ハンディー事典』、『山野草育て方楽しみ方事典』、『山野草大百科』（共に講談社）、『登山道で出会える花』（I〜V）、『育ててみたい山野草』（春編、夏秋編）他（共にNHK出版）、『やさしい山野草』（主婦の友社）など多数。

◆写真
久志博信
（株）アルスフォト企画
（有）耕作舎
（株）主婦と生活社

◆イラスト
水沼マキコ

◆本文デザイン
NONAKA DESIGN OFFICE

◆装丁
野中耕一
NONAKA DESIGN OFFICE

◆編集協力
（有）耕作舎

◆編集担当
河村ゆかり

「山野草の名前」1000がよくわかる図鑑

監修者　久志博信
発行人　倉次辰男
印刷所　大日本印刷株式会社
製本所　小泉製本株式会社
発行所　株式会社主婦と生活社
〒104-8357　東京都中央区京橋3-5-7
編集部　電話03-3563-5455
販売部　電話03-3563-5121
生産部　電話03-3563-5125

ISBN978-4-391-13849-8
十分に気をつけながら造本していますが、万一、乱丁・落丁そのほかの不良品の場合には、お買い上げになった書店か、本社生産部へお申し出ください。お取り替えいたします。